普通高等学校
新工科机器人与智能制造相关专业系列教材

JIQIREN JISHU JI YINGYONG

微课版

机器人技术及应用

主　编　张　融　梅志敏　韩　昌
副主编　张向阳　陈爱平　舒　慧
　　　　李　皓　陈星宇　贺照云
　　　　晏芙蓉　毕　思　朱玉琼

U0244340

大连理工大学出版社

图书在版编目(CIP)数据

机器人技术及应用 / 张融,梅志敏,韩昌主编. --
大连:大连理工大学出版社,2021.11(2023.6 重印)
ISBN 978-7-5685-3540-3

Ⅰ.①机… Ⅱ.①张… ②梅… ③韩… Ⅲ.①机器人
技术－高等学校－教材 Ⅳ.①TP24

中国版本图书馆 CIP 数据核字(2021)第 260244 号

大连理工大学出版社出版
地址:大连市软件园路 80 号 邮政编码:116023
发行:0411-84708842 邮购:0411-84708943 传真:0411-84701466
E-mail:dutp@dutp.cn URL:http://dutp.dlut.edu.cn
大连图腾彩色印刷有限公司印刷 大连理工大学出版社发行

幅面尺寸:185mm×260mm	印张:13.75	字数:335 千字
2021 年 11 月第 1 版		2023 年 6 月第 3 次印刷

责任编辑:王晓历 责任校对:常 皓
封面设计:对岸书影

ISBN 978-7-5685-3540-3 定 价:44.80 元

本书如有印装质量问题,请与我社发行部联系更换。

近年来,机器人技术及行业应用在"中国制造 2025"和德国"工业 4.0"战略的背景下阔步前进,为我国机器人与智能制造学科和产业提质升级做出了卓越贡献,已成为全球新一轮科技和产业革命的重要切入点。同时,随着每年高等教育机器人工程、智能制造工程、机械工程和工业机器人技术等"新工科"相关专业的设立,机器人相关专业课程建设也迎来良好契机。本教材正是在此背景下组织编写,极大改善了高校开展机器人技术及应用设计参考资源库,服务各相关专业制定合适的机器人人才培养方案和学科建设。

本教材获武昌工学院教材立项,其主要特色如下:

(1)理实虚一体化,知行合一。通过本教材的学习,学生不仅可以把机器人技术理论中抽象的工业场景转化为具体的场景应用,在真实的机器人应用平台中进行剖析,而且可以在虚拟的机器人离线编程和电气控制环境中,利用 3D 可视化窗口观察设计和计算效果。这样的设计方式能够激发学生的兴趣,培养学生理论联系实际的能力,为在新工科背景下提高机器人工程人才质量奠定基础。

(2)注重知识、能力和素质的培养。本教材围绕工业机器人和智能机器人两种主流机器人展开介绍。其中,工业机器人从"三大部分六个子系统"展开,不仅讲解了基本知识点,还强调学生应具备的能力和需要培育的工匠素养;智能机器人主要介绍系统组成、历史沿革、应用场景和未来趋势等。

(3)融入信息化和课程思政元素。本教材将各章内容与行业应用紧密结合,提供了线上信息化教学资源,以二维码形式呈现。同时,强化课程思政元素融入教材,增强机器人技术的时代特点,激发学生的爱国热情。

(4)遵循"阶梯式"的 OBE 创新人才培养模式。本教材中的内容设计由浅到深,从机器人系统基本组成、机器人机械系统、机器人控制系统到机器人编程设计与集成应用,逐渐深化知识体系、固化学习效果,不断激发学习热情,增强学习者的获得感。

本教材共九章,具体包括:第 1 章工业机器人概述;第 2 章工业机器人机械系统;第 3 章工业机器人运动学和动力学;第 4 章机器人传感系统;第 5 章工业机器人控制系统;第 6 章工业机器人外部通信;第 7 章工业机器人编程和轨迹规划;第 8 章机器人系统集成应用案例;第 9 章智能机器人。各章节要素齐全、逻辑清晰、内容充实。

本教材随文提供视频微课供学生即时扫描二维码进行观看,实现了教材的数字化、信息化、立体化,增强了学生学习的自主性与自由性,将课堂教学与课下学习紧密结合,力图为广大读者提供更为全面并且多样化的教材配套服务。

为响应教育部全面推进高等学校课程思政建设工作的要求,本教材编写团队深入推进党的二十大精神融入教材,不仅围绕专业育人目标,结合课程特点,注重知识传授能力培养与价值塑造统一,还体现了专业素养、科研学术道德等教育,立志做有理想,敢担当,能吃苦,肯奋斗的新时代好青年,让青春在全面建设社会主义现代化国家的火热实践中谱写炫丽华章。

本教材配有PPT、机器人生产线案例相关的源文件以及习题等资源。本教材适合作为机器人相关专业的教材,也可供机器人技术应用岗位的工程技术人员参考。

本教材由武昌工学院张融、梅志敏,武汉商学院韩昌任主编;由武昌工学院张向阳、陈爱平、舒慧、李皓,武汉软件工程职业学院陈星宇,武昌理工学院贺照云,武汉光谷职业学院晏芙蓉,武昌工学院毕思、朱玉琼任副主编。具体编写分工如下:第1章由舒慧编写;第2章由毕思编写;第3章由陈爱平编写;第4章由陈星宇编写;第5章由朱玉琼、韩昌编写;第6章由李皓编写;第7章由晏芙蓉编写;第8章由梅志敏编写;第9章由贺照云编写。全书由张融、梅志敏、张向阳统稿并定稿。

在编写本教材的过程中,编者参考、引用和改编了国内外出版物中的相关资料以及网络资源,在此表示深深的谢意!相关著作权人看到本教材后,请与出版社联系,出版社将按照相关法律的规定支付稿酬。

由于时间有限,本书难免存在不足之处,请广大读者批评指正。

编 者

2021 年 11 月

所有意见和建议请发往:dutpbk@163.com

欢迎访问高教数字化服务平台:http://hep.dutpbook.com

联系电话:0411-84708445　84708462

数字资源列表

2021世界机器人大会新产品 | 宝马3系F30工业机器人自动化集成生产线 | 创时代——当机器人遇上人工智能 | 工业机器人数控机床上、下料系统 | 机器人运动学中的几何与代数问题 | 机械之美:工业机器人的核心部件——精密减速机1

机械之美:工业机器人的核心部件——精密减速机2 | 机器人100问之机器人的机械系统 | 机器人100问之机器人的控制系统 | 机器人100问之机器人的驱动系统 | ABB IRB1410工业机器人与西门子PLC1200程序设计与通信调试手册 | ABB机器人编程与搬运实例

ABB机器人RAPID语言概览 | 大众高尔夫7德国工业机器人集成生产线 | 智能移动机器人改变物流和制造 | 智能自主移动机器人的导航解决方案——库卡

目录 Contents

第 1 章

工业机器人概述

世界工业机器人工业萌芽于 20 世纪 50 年代的美国。1954 年美国人 George C.Devol 设计制作了可编程的关节型搬运装置,提出了工业机器人的概念。20 世纪 60 年代,美国的 Unimation 公司生产了世界上第一台机器人,该机器人是一台用于压铸的五轴液压机器人,其手臂的控制由一台计算机完成,能够记忆 180 多个工作步骤。经过多年的发展,工业机器人技术取得了长足进步,不断应用于各个领域,并日益改变着我们的生产方式和生活方式。

工业机器人是集机械、电气控制等技术于一体的高端装备。随着全球制造业的转型升级,我国在"工业 4.0"背景下提出"中国制造 2025"战略,重点发展机器人领域,全面提升制造业发展水平。目前我国已成为世界最大工业机器人市场之一,工业机器人使用量大幅攀升。在从"工业大国"转型为"工业强国"的路上,提升工业机器人国产化率及技术水平是"中国制造 2025"得以实现的重要环节。未来,在"中国制造 2025""工业 4.0"战略指导下,工厂"机器换人"更加频繁,我国工业机器人市场将进一步打开。图 1-1 所示为 ABB 工业机器人在汽车生产线的应用场景。

图 1-1 ABB 工业机器人在汽车生产线的应用场景

1.1 工业机器人的定义和特点

1.1.1 工业机器人的定义

国际标准化组织(ISO)对工业机器人的定义：一种能自动控制、可重复编程、多功能、多自由度的操作机，能搬运材料、工件或操持工具来完成各种作业。

中国对工业机器人的定义：一种自动化的机器，所不同的是这种机器具备一些与人或者生物相似的智能，如感知能力、规划能力、动作能力和协同能力，是一种具有高度灵活性的自动化机器。

美国对工业机器人的定义：一种用于移动各种材料、零件、工具或专用装置的，通过程序动作来执行各种任务的，并具有编程能力的多功能操作机。

日本对工业机器人的定义：一种带有存储器件和末端操作器的通用机械，它能够通过自动化的动作替代人类劳动。

图 1-2 所示为工业机器人"四大家族"的代表性产品，分别是瑞士的 ABB、德国的 KUKA、日本的发那科和安川机器人。

(a)ABB 机器人　　(b)KUKA 机器人　　(c)发那科机器人　　(d)安川机器人

图 1-2　几种常见的工业机器人

国内工业机器人企业近年来如雨后春笋般诞生，工业机器人产品也逐渐呈现出较强的竞争实力。图 1-3 所示为六家国内代表性工业机器人产品。

(a)新松机器人　　　　　(b)新时达机器人　　　　　(c)华数机器人

(d)广数机器人

(e)埃夫特机器人

(f)柯马机器人

图 1-3 国内代表性工业机器人产品

1.1.2 工业机器人的特点

工业机器人是集机械、电子、控制、传感、人工智能等多学科先进技术于一体的自动化装备,其最显著特点如下:

1.拟人化

工业机器人在机械结构上具有类似于人的行走、转腰、大臂、小臂、手腕、手爪等部分,利用计算机进行控制。此外,智能化工业机器人还具有许多类似于人类的"生物传感器",如皮肤型接触传感器、视觉传感器、声觉传感器、力传感器、负载传感器、语言功能等,从而提高了机器人对周围环境的适应性。

2.可编程

生产自动化的进一步发展是柔性自动化。工业机器人可根据其工作环境变化的需要而进行再编程,因此它在小批量、多品种、具有均衡高效率的柔性制造过程中能够发挥很好的功用,是柔性制造系统(FMS)中的一个重要组成部分。

3.通用性

除了专门设计的专用工业机器人外,一般的工业机器人在执行不同的任务时,具有较好的通用性。例如,通过更换工业机器人手部末端操作器(手爪、工具等),即可以执行不同的任务。

4.应用广

工业机器人与自动化成套设备是生产过程中的关键设备,可用于制造、安装、检测、物流等生产环节,并广泛用于汽车整车及零部件、工程机械、轨道交通、低压电器、电力、IC 装备、军工、烟草、金融、医药、冶金及印刷出版等领域,应用范围十分广泛。

1.1.3 工业机器人三原则

第一条:工业机器人不得危害人类。此外,不可因为疏忽危险的存在而使人类受害。

第二条:工业机器人必须服从人类的命令,但命令违反第一条内容时,则不在此限。

第三条:在不违反第一条和第二条的情况下,工业机器人必须保护自己。

1.2　工业机器人的分类

国际上关于工业机器人的分类没有制定统一的标准,可以按照作业任务、关节连接布置形式等进行分类。

工业机器人根据作业任务的不同,可以分为焊接机器人、搬运机器人、装配机器人、处理机器人及喷涂机器人,如图 1-4 所示。

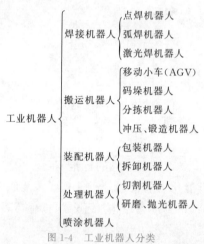

图 1-4　工业机器人分类

按照关节连接布置形式的不同,可以将工业机器人分为串联机器人和并联机器人,见表1-1。串联机器人的杆件和关节是用串联的方式连接的,是一个开放的运动链;而并联机器人的杆件和关节采用并联方式连接,形成封闭的结构。

串联机器人按照坐标形式可以进一步分为直角坐标型机器人、圆柱坐标型机器人、极坐标型机器人、关节坐标型机器人和 SCARA 型机器人。并联机器人大多形式相似,主要以DELTA 型机器人为主。

表 1-1　　　　　　　　　　　　工业机器人的分类

分类	坐标形式	结构	特点
串联机器人	直角坐标型机器人	具有三个相互垂直的方向(X、Y、Z 轴)移动关节,作业范围是立方体	优点:运动学求解简单,位置精度高,稳定性好。缺点:结构复杂,灵活性差,运动范围小
	圆柱坐标型机器人	具有两个移动关节和一个转动关节,作业范围是圆柱体	优点:位置精度高,运动直观,控制简单,占地面积小。缺点:无法抓取靠近立柱或地面的物体
	极坐标型机器人	具有一个移动关节和两个转动关节,作业范围是空心球体状	优点:结构紧凑,动作灵活,占地面积小。缺点:结构复杂,定位精度低,运动直观性差

（续表）

分类	坐标形式	结构	特点
串联机器人	关节坐标型机器人	具有拟人的结构,有三个及以上的转动关节,作业范围是空心球体状	优点:作业范围大,动作灵活,能够抓取靠近机身的物体。 缺点:运动直观性差,定位精度不高
	SCARA 型机器人	具有三个相互平行的转动关节和一个移动关节,用于完成手爪在垂直于平面方向上的运动	优点:在垂直平面内具有很好的刚度,在水平面内具有很好的柔顺性,动作灵活,速度快,定位精准
并联机器人	DELTA 型机器人	具有三个或四个自由度,可以沿三个相互垂直的方向(X、Y、Z 轴)平移,以及绕 Z 轴旋转	电动机安装在固定的基座上,可以大大减少机器人运动过程中的惯差

图 1-5 所示为工业机器人按坐标形式的分类。

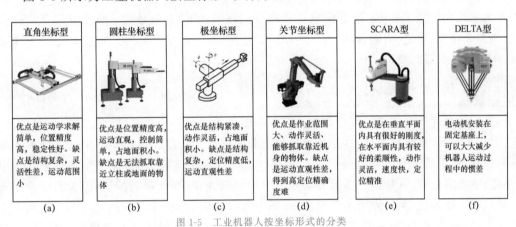

图 1-5　工业机器人按坐标形式的分类

1.3　机器人发展历程

1.3.1　国外机器人发展历程

　　人类对机器人的幻想和追求已有 3 000 多年的历史。公元前 3 世纪,古希腊发明家戴达罗利用青铜为克里特岛国王迈诺斯塑造了一个守卫宝岛的青铜卫士塔罗斯;公元前 2 世纪,古希腊人发明了最原始的机器人太罗斯,它是以水、空气和蒸汽压力为动力的青铜雕像,它可以自己开门,还能借助蒸汽唱歌。1662 年,日本的竹田近江利用钟表技术发明了自动机器玩偶,并在大阪的道顿堀演出。1738 年,法国天才技师杰克・戴・瓦克逊发明了一只机器鸭,它会嘎嘎嘎叫会游泳和喝水,还会进食和排泄。瓦克逊的本意是想把生物的功能加以机械化而进行医学分析。1768—1774 年,瑞士钟表名匠德罗斯父子三人设计制造出三个像真人一样大小的机器人——写字偶人、绘图偶人和弹风琴偶人。它们是由凸轮控制和弹簧驱动的自动机器,至今还作为国宝保存在瑞士纳切特尔市艺术和历史博物馆内。1928年,W.H.Richards发明出第一个人形机器人埃里克·罗伯特(Eric Robot),这个机器人内装有马达装置,能够进行远程控制及声频控制,同年日本生物学家Makoto Nishimura研发出了日本的第一个机器人Gakutensoku。1956年,美国发明家乔治·德沃尔(George Devol)和物理学家约瑟·英格伯格(Joe Engelberger)成立了一家名为Unimation的公司,至此,世界第一家机器人公司成立。1959年,乔治·德沃尔和约瑟·英格伯格发明了世界上第一台工业机器人,命名为Unimate,英格伯格负责设计机器人的"手""脚""身体",即机器人的机械部分和完成操作部分,德沃尔负责设计机器人的"头脑""神经系统""肌肉系统",即机器人的控制装置和驱动装置。20世纪70年代,随着机器人产业的迅速发展,机器人技术发展成为专门的学科,称为机器人学(Robotics),机器人的应用领域进一步扩大,各种坐标系统、结构形式的机器人相继出现,大规模集成电路和计算机技术飞速发展,使机器人的控制性能大大提升,成本不断下降。20世纪80年代,不同控制方法和用途的工业机器人真正进入实用化的普及阶段,随着传感技术和智能技术的发展,开始进入智能机器人研究阶段,机器人视觉、触觉、力觉、接近觉等的研究和应用,大大提高了机器人的适应能力,扩大了机器人的应用范围,促进了机器人的智能化进程。

1.3.2 国内机器人发展历程

我国早在西周时期就流传着有关巧匠偃师献给周穆王一个作品(歌舞机器人)的故事,有《列子·汤问》篇记载为证,这是我国最早记载的机器人。春秋时代后期,被称为木匠祖师爷的鲁班,利用竹子和木料制造出一个木鸟。它能在空中飞行"三日不下",这件事在古书《墨经》中有所记载,这称得上是世界第一个空中机器人。1 800年前的汉代,大科学家张衡不仅发明了地动仪,而且发明了计里鼓车,车上装有木人、鼓和钟,每行一里,车上的木人击鼓一下,每行十里击钟一下;三国时期的蜀汉,丞相诸葛亮既是一位军事家,又是一位发明家,他成功地创造出"木牛流马",可以运送军用物资,这是最早的陆地军用机器人。

我国工业机器人的发展起步于20世纪70年代初,其发展过程大致可以分为三个阶段:70年代的萌芽期、80年代的开发期、90年代的实用化期。近年来我国已经生产出部分机器人的关键元器件,开发出弧焊、点焊、码垛、装配、搬运、注塑、冲压、喷漆等工业机器人,一批国产工业机器人已服务于国内诸多企业的生产线上,一些相关科研机构和企业已掌握了工业机器人操作机的优化设计制造技术,工业机器人控制、驱动系统的硬件设计技术,机器人软件的设计和编程技术,运动学和轨迹规划技术,弧焊、点焊及大型机器人自动生产线与周边配套设备的开发和制备技术等,某些关键技术甚至已达到世界水平。现今我国工业机器人行业发展迅速,工业机器人已逐渐成为工厂自动化生产线的主要发展形式。随着科学技术和人工智能的发展,工业机器人正朝着智能化方向发展,未来智能化水平将标志着机器人的水平。

1.4 工业机器人的组成与技术参数

1.4.1 工业机器人的组成

工业机器人通常由三大部分六个子系统组成,如图 1-6 所示。

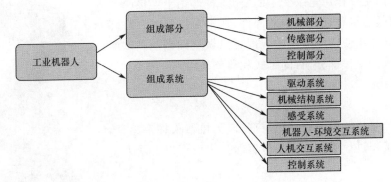

图 1-6 工业机器人的组成

1.机械部分

机械部分是工业机器人用以完成工作任务的实体,通常由一系列连杆、关节或其他形式的运动副组成,主要分为以下两个系统。

(1)驱动系统

驱动系统是向执行系统各部件提供动力的装置,包括驱动器和传动机构两部分,它们通常与执行机构连成一体。驱动器通常有电动、液压、气动装置以及把它们结合起来应用的综合系统。常用的传动机构有谐波传动、螺旋传动、链传动、带传动以及齿轮传动等。

①气力驱动系统

气力驱动系统通常由气缸、气阀、气罐和空压机等组成,以压缩空气来驱动执行机构进行工作。其优点是空气来源方便、动作迅速、结构简单、造价低、维修方便、防火防爆、漏气对环境无影响,缺点是操作力小、体积大,又由于空气的压缩性大、速度不易控制、响应慢、动作不平稳、有冲击。因起源压力一般只有 60 MPa 左右,故此类机器人适用于抓举力要求较小的场合。

②液压驱动系统

液压驱动系统通常由液动机(各种油缸、油马达)、伺服阀、油泵、油箱等组成,以压缩机油来驱动执行机构进行工作,其特点是操作力大、体积小、传动平稳且动作灵敏、耐冲击、耐振动、防爆性好。相对于气力驱动,液压驱动的机器人具有大得多的抓举能力,可高达上百千克。但液压驱动系统对密封的要求较高,且不宜在高温或低温的场合工作。

③电力驱动系统

电力驱动是利用电动机产生的力或力矩直接或经过减速机构驱动机器人,以获得所需的位置、速度和加速度。电力驱动具有电源易取得,无环境污染,响应快,驱动力较大,信号检测、传输、处理方便,可采用多种灵活的控制方案,运动精度高,成本低,驱动效率高等优点,是目前机器人使用最多的一种驱动方法。驱动电动机一般采用步进电动机、直流伺服电动机以及交流伺服电动机。

（2）机械结构系统

工业机器人的机械结构可分为手部、腕部、臂部、腰部和基座,如图1-7所示。手部又称为末端执行器,是工业机器人对目标直接进行操作的部分,如各种夹持器;腕部是臂部和手部的连接部分,主要作用是改变手的姿态;臂部用于连接腰部和腕部;腰部是连接臂部和基座的部件,通常可以回转。臂部和腰部的共同作用使得机器人的腕部可以做空间运动。基座是整个机器人的支撑部分,有固定式和移动式两种。

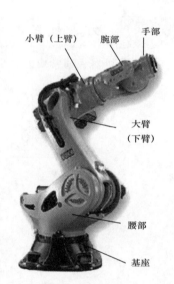

图1-7　机械结构

2.传感部分

传感部分是机器人的重要组成部分,为机器人提供感觉,使机器人的工作过程更加精确。传感部分主要由以下两大系统组成。

（1）感受系统

感受系统一般由内部传感器和外部传感器组成。内部传感器是完成机器人运动控制所必需的传感器,如位置、速度传感器等,用于采集机器人内部信息,是构成机器人不可缺少的基本元件。外部传感器检测机器人所处环境、外部物体状态或机器人与外部物体的关系,常用的外部传感器有力觉传感器、触觉传感器、接近觉传感器、视觉传感器等。工业机器人传感器的分类如图1-8所示。

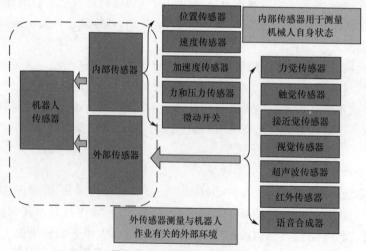

图1-8　工业机器人传感器的分类

（2）机器人-环境交互系统

机器人-环境交互系统是实现工业机器人与外部环境中的设备相互联系和协调的系统。

工业机器人与外部设备集成为一个功能单元,如加工制造单元、焊接单元、装配单元等。也可以是多台机器人、多台机床设备或者多个零件存储装置集成为一个能执行复杂任务的功能单元。

3.控制部分

控制部分相当于机器人的大脑,可以直接或者通过人工对机器人的运动进行控制。控制部分分为两个系统。

(1)人机交互系统

人机交互系统是使操作人员参与机器人控制并与机器人进行联系的装置,例如示教器、指令控制台、信息显示板、计算机标准终端、危险信号警报器等。总的来说,人机交互系统可以分为两大部分:指令给定系统和信息显示装置。

(2)控制系统

控制系统的作用主要是根据机器人的作业程序指令以及从传感器反馈回来的信号支配执行机构去完成规定的运动和功能。工业机器人的位置控制方式有点位控制和连续路径控制两种。点位控制方式只关心机器人末端执行器的起点和终点位置,而不关心这两点之间的运动轨迹,这种控制方式可完成无障碍条件下的点焊、上下料、搬运等操作。连续路径控制方式不仅要求机器人以一定的精度达到目标点,而且对移动轨迹也有一定的精度要求,如机器人喷漆、弧焊等操作,实质上这种控制方式是以点位控制方式为基础,在每两点之间用满足精度要求的位置轨迹插补算法实现轨迹连续化的。

1.4.2　工业机器人的技术参数

工业机器人的技术参数主要包括自由度、工作空间、工作速度、精度、承载能力、驱动方式、控制方式等。

1.自由度

自由度是指工业机器人在空间运动所需要的变量数,用以表示工业机器人运动的灵活程度,一般是以沿轴线移动和绕轴线转动的独立运动数目来表示的。

自由物体在空间中有六个自由度,即三个移动自由度和三个转动自由度。工业机器人往往是开式连杆系统,每个关节运动副只有一个自由度,因此工业机器人的自由度数目就等于其关节数。工业机器人的自由度数目越多,其功能就越强。目前工业机器人的自由度数目一般为 4~6 个。当机器人的关节数(自由度)增加到对末端执行器的定向和定位不再起作用时,便会出现冗余自由度。冗余自由度的出现可增强机器人的工作灵活性,但会使其控制变得更加复杂。

2.工作空间

工作空间是指工业机器人臂杆的特定部位在一定条件下所能达到空间的位置集合。工作空间的形状和大小反映了工业机器人工作能力的大小。

通常工业机器人说明书中表示的工作空间是指腕部机械接口坐标系的原点在空间能到达的范围,即腕部端部法兰的中心点在空间所能到达的范围,而不是末端执行器端点所能到达的范围。因此,在设计和选用时,要注意安装末端执行器后机器人实际所能达到的工作空间。图 1-9 所示为 ABB 1410 型工业机器人的工作范围。

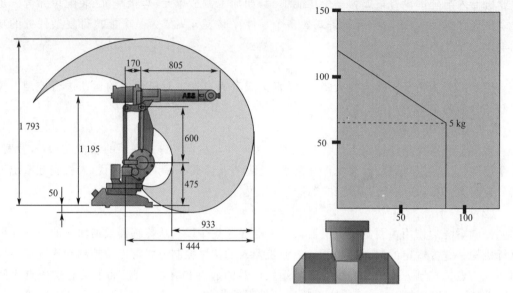

图 1-9 ABB 1410 型工业机器人的工作范围

3.工作速度

工作速度是指工业机器人在工作载荷条件下,在匀速运动过程中,机械接口中心或工具中心点在单位时间内所移动的距离或转动的角度,包括工业机器人手臂末端的速度。工作速度直接影响工作效率,简单来说,工作速度越高,工作效率就越高。因此,工业机器人的加速、减速能力显得尤为重要,需要保证工业机器人加速、减速的平稳性。

4.精度

工业机器人的精度包括定位精度和重复定位精度。定位精度是指工业机器人腕部实际到达位置与目标位置之间的差异,用反复多次测定的定位结果的代表点与指定位置之间的距离表示。重复定位精度是指工业机器人腕部重复定位于统一目标位置的能力,以实际位置值的分散程度来表示,实际应用时常以重复测试结果的标准偏差值的 3 倍来表示,它是衡量一系列误差值的密集度。

5.承载能力

承载能力是指工业机器人在工作空间内的任何位置上所能承受的最大质量。承载能力不仅取决于负载的质量,而且与工业机器人的运行速度、加速度有关。为了安全起见,一般承载能力是指工业机器人高速运行时的承载能力,包括机器人末端操作器的质量。

6.驱动方式

驱动方式是指关节执行器的动力源形式,一般包括液压驱动、气压驱动、电气驱动。不同的驱动方式有其独特的优势和特点,根据实际工作需求进行合理选择。通常比较常用的驱动方式是电气驱动。液压驱动的主要优点是可以利用较小的驱动器输出较大的驱动力;其缺点是油料容易泄漏,污染环境。气压驱动的主要优点是具有较好的缓冲作用,可以实现无级变速;其缺点是噪声大。电气驱动的优点是驱动效率高,使用方便,而且成本较低。

7.控制方式

工业机器人的控制方式也称为控制轴方式,主要是指控制工业机器人的运动轨迹。一般来说,控制方式有两种:一种是伺服控制;另一种是非伺服控制。伺服控制方式又可以分为连续轨迹控制类和点位控制类。与采用非伺服控制方式的工业机器人相比,采用伺服控制方式的工业机器人具有较大的记忆储存空间,可以储存较多的点位地址,使得运行过程更加复杂、平稳。

IRB 1410 型工业机器人的技术参数如图 1-10 所示。

IRB 1410

规格

机器人	承重能力	第5轴到达距离
	5 kg	1.44 m

附加载荷
第3轴	18 kg
第1轴	19 kg

轴数
机器人本体	6
外部设备	6

集成信号源	上臂12路信号
集成气源	上臂最高8 bar

性能
重复定位精度	0.05 mm (ISO试验平均值)
运动	IRB 1410
TCP最大速度	2.1 m/s
连续旋转轴 6	6

电气连接
电源电压	200～600 V, 50/60 Hz
额定功率	
变压器额定值	4kW/7.8kW, 带外轴

物理特性
机器人安装	落地式
尺寸	
机器人底座	620 mm x 450 mm

质量
机器人	225 kg

图 1-10   IRB 1410 型工业机器人的技术参数

1.5 工业机器人的典型应用

随着工业机器人发展的深度和广度以及智能水平的提高,工业机器人已在众多领域得到了应用。近年来,工业机器人已广泛应用于汽车及汽车零部件制造业、机械加工行业、电子电气行业、橡胶及塑料工业、食品工业、木材与家具制造业等领域。在工业生产中,弧焊机器人、点焊机器人、分配机器人、装配机器人、喷漆机器人及搬运机器人等工业机器人都已被大量采用,并且从传统的汽车制造领域向非制造领域延伸,如采矿机器人、建筑业机器人,以及水电系统用于维护维修的机器人等。在国防军事、医疗卫生、食品加工、生活服务等领域,工业机器人的应用也越来越广泛。

汽车制造是一个技术和资金高度密集的产业,也是工业机器人应用最广泛的行业,占据整个工业机器人的一半以上。在我国,工业机器人最初也是应用于汽车和工程机械行业。在汽车生产中,工业机器人是一种主要的自动化设备,在整车及零部件生产的弧焊、点焊、喷涂、搬运、涂胶、冲压等工艺中被大量使用,工业机器人在我国汽车行业的应用已得到快速发展。

工业机器人不仅应用于传统制造业,如采矿、冶金、石油、化学、船舶等领域,同时也已开始扩大到核能、航空、航天、医药、生化等高科技领域,以及家庭清洁、医疗康复等服务业领域,如水下机器人、抛光机器人、打毛刺机器人、擦玻璃机器人、高压线作业机器人、服装裁剪机器人、制衣机器人、管道机器人等特种机器人,以及扫雷机器人、作战机器人、侦察机器人、哨兵机器人、排雷机器人、布雷机器人等。随着人类生活水平的提高及文化生活的日益丰富多彩,未来各种专业服务机器人和家庭用消费机器人将不断贴近人类生活,其市场将繁荣兴旺。

1.5.1　在搬运码垛方面的应用

在各类工厂的码垛方面,自动化极高的机器人被广泛应用,人工码垛工作强度大,耗费人力,员工不仅需要承受巨大的压力,而且工作效率低。搬运机器人能够根据搬运物件的特点及归类,在保持其形状和物件性质不变的基础上,进行高效的分类搬运,使得装箱设备每小时能够完成数百块的码垛任务,在生产线上下料、集装箱的搬运等方面发挥极其重要的作用,如图 1-11 所示。

（a）　　　　　　　　　　　　　　（b）

图 1-11　搬运码垛机器人

1.5.2　在焊接方面的应用

焊接机器人主要承担焊接工作,不同的工业类型有着不同的工业需求,常见的焊接机器人有点焊机器人、弧焊机器人、激光焊机器人等。汽车制造行业是焊接机器人应用最广泛的行业,在焊接难度、焊接数量、焊接质量等方面有着人工焊接无法比拟的优势。图 1-12 所示为焊接机器人。

1.5.3　在装配方面的应用

在工业生产中,零件的装配是一个工程量极大的工作,需要大量的劳动力,曾经的人力装配因为出错率高、效率低而逐渐被工业机器人代替。装配机器人的研发,结合了多种技术,包括通信技术、自动控制、光学原理、微电子技术等。研发人员根据装配流程,编写合适的程序,应用于具体的装配工作。装配机器人的最大特点,就是安装精度高、灵活性大、耐用程度高。因为装配工作复杂精细,所以我们选用装配机器人来进行电子零件、汽车精细部件的安装。图 1-13 所示为工业机器人汽车装配生产线。

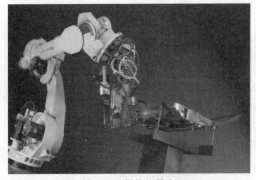

图1-12 焊接机器人

图1-13 工业机器人汽车装配生产线

1.5.4 在检测方面的应用

机器人具有多维度的附加功能。它能够代替工作人员在特殊岗位上工作,在高危领域,如核污染区域、有毒区域、高危未知区域进行探测。还有人类无法到达的地方,如病人患病部位的探测、工业瑕疵的探测、在地震救灾现场的生命探测等均有建树。图1-14所示为工业机器人视觉检测。

练习题

1.简述工业机器人的定义。

2.简述工业机器人的优势与特点。

3.简述工业机器人的发展历程。

4.简述工业机器人未来的应用领域。

5.分别列举3家国内外代表性工业机器人供应商及其代表性产品。

6.写出工业机器人的技术参数。

7.工业机器人的核心零部件有哪些?

8.简述什么是工业机器人的精度。

9.简述工业机器人的发展现状。

10.简述工业机器人未来发展趋势。

11.世界机器人之父和中国机器人之父分别是谁?

12.列表说明工业机器人与智能机器人的区别与联系。

13.工业机器人与智能机器人的技术参数有哪些异同点?

14.从安全性角度出发,简述为什么工业机器人具有更安全的工作环境。

15.从编程角度出发,简述工业机器人与智能机器人的区别和联系。

16.通过搜索相关资料,对我国工业机器人的发展与技术瓶颈进行论述。

17.说明"四大家族"机器人生产商的工业机器人产品有哪些。

18.用柱状图形式统计全球五大洲在工业机器人生产商的产品数量,依次排序,并总结各洲的发展情况。

第 2 章

工业机器人机械系统

从机械结构来看，工业机器人总体上可分为串联机器人和并联机器人。串联机器人的特点是一个轴的运动会改变另一个轴的坐标原点，而并联机器人一个轴的运动则不会改变另一个轴的坐标原点。早期的工业机器人都是采用串联机构。并联机构定义为动平台和定平台通过至少两个独立的运动链相连接，机构具有两个或两个以上自由度，且以并联方式驱动的一种闭环机构。并联机构有两个构成部分，分别是手腕和手臂。手臂活动区域对活动空间有很大的影响，而手腕是工具和主体的连接部分。与串联机器人相比较，并联机器人具有刚度大、结构稳定、承载能力大、微动精度高、运动负荷小的优点。在位置求解上，串联机器人的正解容易，但反解十分困难；而并联机器人则相反，其正解困难，反解却非常容易。

机器人技术是利用计算机的记忆功能、编程功能来控制操作机自动完成工业生产中某一类指定任务的高新技术，是当今各国竞相发展的高新技术内容之一。它是综合了当代机构运动学与动力学、精密机械设计发展起来的产物，是典型的机电一体化产品，工业机器人由操作机和控制器两大部分组成。操作机按计算机指令运动，可实现无人操作；控制器中计算机程序可依加工对象不同而重新设计，从而满足柔性生产的需要。

机器人应用领域广泛，包括建筑、医疗、采矿、核能、农牧渔业、航空航天、水下作业、救火、环境卫生、教育、娱乐、办公、家用、军用等方面，工业机器人在国内主要应用于危险、有毒、有害的工作环境以及产品质量要求高（超洁、同一性）的重复性作业场合，如焊接、喷涂、上下料、插件、防爆等。

2.1 工业机器人的组成

一般情况下,工业机器人由三大部分六个子系统组成。三大部分是机械部分、传感部分和控制部分。六个子系统可分为机械结构系统、驱动系统、感知系统、机器人-环境交互系统、人机交互系统和控制系统。

2.1.1 本体

工业机器人由主体、驱动系统和控制系统三个基本部分组成。主体即机座和执行机构,包括臂部、腕部和手部,有的机器人还有行走机构。大多数工业机器人有 3~6 个运动自由度,其中腕部通常有 1~3 个运动自由度;驱动系统包括动力装置和传动机构,用以使执行机构产生相应的动作;控制系统是按照输入的程序对驱动系统和执行机构发出指令信号,并进行控制。

工业机器人按臂部的运动形式不同,可分为四种。直角坐标型的臂部可沿三个直角坐标移动;圆柱坐标型的臂部可做升降、回转和伸缩动作;球坐标型的臂部能回转、俯仰和伸缩;关节型的臂部有多个转动关节。

2.1.2 控制器

机器人控制器作为工业机器人最为核心的零部件之一,对机器人的性能起着决定性的影响,在一定程度上影响着机器人的发展。

作为机器人的核心部分,机器人控制器是影响机器人性能的关键部分之一,在一定程度上影响着机器人的发展。近年来,人工智能、计算机科学、传感器技术及其他相关学科的长足进步,使得机器人的研究在高水平上进行,同时也为机器人控制器的性能提出更高的要求。对于不同类型的机器人,如有腿的步行机器人与关节型工业机器人,控制系统的综合方法有较大差别,控制器的设计方案也不一样。

机器人控制器是根据指令以及传感信息控制机器人完成一定的动作或作业任务的装置,它是机器人的心脏,决定了机器人性能的优劣,从机器人控制算法的处理方式来看,可分为串行、并行两种结构类型。

(1)单 CPU 结构、集中控制方式用一台功能较强的计算机实现全部控制功能,在早期的机器人中,如 Hero-Ⅰ,Robot-Ⅰ等,就采用这种结构,但控制过程中需要许多计算(如坐标变换),因此这种控制结构速度较慢。

(2)二级 CPU 结构、主从式控制方式一级 CPU 为主机,担当系统管理、机器人语言编译和人机接口功能,同时也利用它的运算能力完成坐标变换、轨迹插补,并定时地把运算结果作为关节运动的增量送到公用内存,供二级 CPU 读取;二级 CPU 完成全部关节位置数字控制。这类系统的两个 CPU 总线之间基本没有联系,仅通过公用内存交换数据,是一个松耦合的关系。对采用更多的 CPU 进一步分散功能是很困难的。

（3）多CPU结构、分布式控制方式

近年来，普遍采用这种上、下位机二级分布式结构，上位机负责整个系统管理以及运动学计算、轨迹规划等。下位机由多个CPU组成，每个CPU控制一个关节运动，这些CPU和主控机的联系是通过总线形式的紧耦合，这种结构的控制器的工作速度和控制性能明显提高。但这些多CPU系统共有的特征都是针对具体问题而采用的功能分布式结构，即每个处理器承担固定任务，世界上大多数商品化机器人控制器都采用这种结构。

2.1.3 示教器

示教器又叫示教编程器（以下简称示教器），是机器人控制系统的核心部件，是一个用来注册和存储机械运动或处理记忆的设备，该设备由电子系统或计算机系统执行。

示教器维修是示教器维护和修理的泛称，是针对出现故障的示教器通过专用的高科技检测设备进行排查，找出故障的原因，并采取一定措施使其排除故障并恢复达到一定的性能，确保机器人正常使用。示教器维修包括示教器大修和示教器小修。示教器大修是指修理或更换示教器任何零部件，恢复机器人示教器的完好技术状况和安全（或接近安全），恢复示教器寿命的恢复性修理。示教器小修是用更换或修理个别零件的方法，保证或恢复示教器正常工作。

2.2 末端执行器

机器人末端执行器是指任何一个连接在机器人边缘（关节）具有一定功能的工具。它可能包含机器人抓手、机器人工具快换装置、机器人碰撞传感器、机器人旋转连接器、机器人压力工具、顺从装置、机器人喷涂枪、机器人毛刺清理工具、机器人弧焊焊枪、机器人电焊焊枪，等等。机器人末端执行器通常被认为是机器人的外围设备、机器人的附件、机器人工具、手臂末端工具（EOA）。

机器人末端主要是机械手，是机器人系统中类似人类手的机构，是一种典型的仿生机构。人类的双手是极为灵巧的，机械的操作系统一般很难达到人类双手的灵活性，正因为如此，模仿人类的双手以使机器人具有类似人类的操作能力的梦想，便成为一种动力和挑战，推动着机械手的科学研究。自然地，机械手与机械臂是联系在一起的。实际上，机械手是机械臂的"末端执行器"。

"末端执行器"（End Effector）是机械臂末端直接作用于对象的操作器（Manipulator）。然而，大多数末端执行器只能面向简单的和单一的操作任务，一般不具有人手灵巧的和通用（万能）的操作功能。末端执行器的种类很多，工业型末端执行器是一大类，如焊枪、喷枪、电磁吸盘、真空吸盘等。其中，吸盘具有类似动物手或肢体的功能特征。

原始的机械手也是一种末端执行器。但夹持器更接近于手，因为，它的作用就是像手那样抓握物体。夹持器就是原始的机械手。机器人的夹持器，有些像钳子，就是一种夹具，可以夹取被操作的对象。为了夹取被操作的对象，夹持器需要完成开合的动作。如

图 2-1 所示为某夹持手的结构。

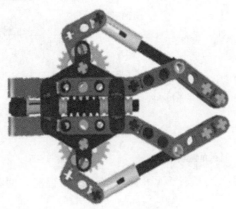

图 2-1　某夹持手的结构

2.2.1　手部的分类

（1）按用途。可分为通用夹持末端和专用夹持末端，如图 2-2 所示为平面钳爪夹持圆柱零件，图 2-3 所示为专用工具。

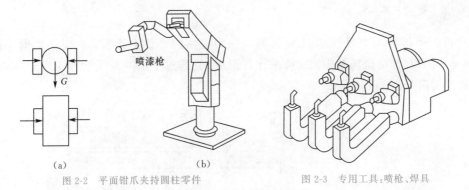

喷漆枪

（a）　　　　　　（b）

图 2-2　平面钳爪夹持圆柱零件　　　　图 2-3　专用工具：喷枪、焊具

（2）按夹持原理。如图 2-4 所示，可分为机械手爪、磁力吸盘和真空式吸盘等。

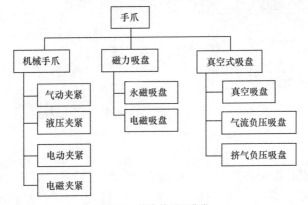

图 2-4　按夹持原理分类

（3）按手指或吸盘数目。可分为手指数目、手指关节和吸盘数量等方式。

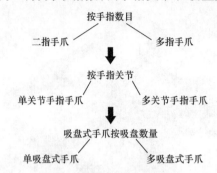

（4）按智能化程度。如图 2-5 所示，可分为普通式和智能式两种。

图 2-5　按智能化程度分类

2.2.2　夹持式末端

夹持式手部与人手相似，是工业机器人广为应用的一种手部形式。它一般由手指（手爪）和驱动机构、传动机构及连接与支承元件组成，能通过手爪的开闭动作实现对物体的夹持。详细要求如图 2-6 所示。

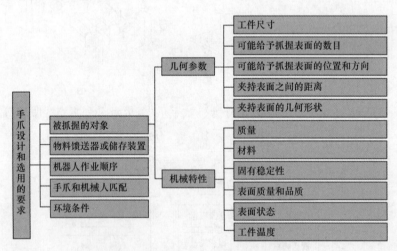

图 2-6　手爪设计和选用要求

（1）手指

手指是直接与工件接触的部件。手部松开和夹紧工件，就是通过手指的张开与闭合来实现的。如图 2-7 所示，机器人的手部一般有两个手指，也有的有三个或多个手指，其结构形式常取决于被夹持工件的形状和特性。

指端的形状通常有两类：V 形指和平面指。如图 2-8 所示为三种 V 形指的形状，用于夹持圆柱工件。

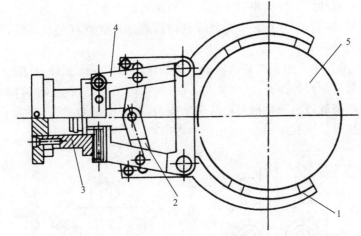

图 2-7 机器人夹持式手指

1—手指；2—传动机构；3—驱动机构；4—支架；5—工件

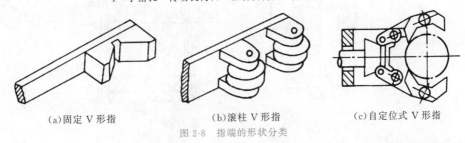

(a)固定 V 形指　　　　(b)滚柱 V 形指　　　　(c)自定位式 V 形指

图 2-8 指端的形状分类

如图 2-9(a)所示的平面指为夹持式手的指端，一般用于夹持方形工件(具有两个平行平面)、板材或细小棒料。另外，尖指和薄、长指等特型指一般用于夹持小型或柔性工件。其中，薄指一般用于夹持位于狭窄工作场地的细小工件，以避免和周围障碍物相碰；长指一般用于夹持炽热的工件，以避免热辐射对手部传动机构的影响。

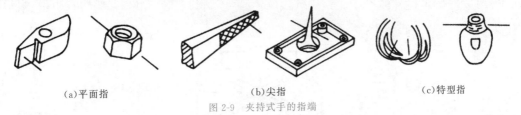

(a)平面指　　　　　(b)尖指　　　　　(c)特型指

图 2-9 夹持式手的指端

指面的形状常有光滑指面、齿形指面和柔性指面等。光滑指面平整光滑，用来夹持已加工表面，避免已加工表面受损。齿形指面刻有齿纹，可增大夹持工件的摩擦力，以确保夹紧牢靠，多用来夹持表面粗糙的毛坯或半成品。柔性指面内镶橡胶、泡沫、石棉等材料，有增大摩擦力、保护工件表面、隔热等作用，一般用于夹持已加工表面、炽热件，也适用于夹持薄壁件和脆性工件。

(2)传动机构

传动机构是向手指传递运动和动力，以实现夹紧和松开动作的机构。该机构根据手指开合的动作特点分为回转型和平移型。回转型又分为一支点回转型和多支点回转型。根据手爪夹紧是摆动还是平动,又可分为摆动回转型和平动回转型。

①回转型传动机构。夹持式手部中较多的是回转型手部,其手指就是一对杠杆,一般再同斜楔、滑槽、连杆、齿轮、蜗轮蜗杆或螺杆等机构组成复合式杠杆传动机构,用以改变传动比和运动方向等。

图 2-10(a)所示为单作用斜楔式回转型手部结构。斜楔向下运动,克服弹簧拉力,使杠杆手指装着滚子的一端向外撑开,从而夹紧工件;斜楔向上移动,则在弹簧拉力作用下使手指松开。手指与斜楔通过滚子接触可以减小摩擦力,提高机械效率,有时为了简化,也可让手指与斜楔直接接触。也有如图 2-10(b)所示的结构。

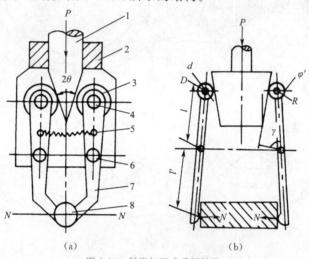

(a)　　　　　　　　　(b)

图 2-10　斜楔杠杆式手部结构

1—斜楔驱动杆;2—壳体;3—滚子;4—圆柱销;5—拉簧;6—铰销;7—手指;8—工件

图 2-11 所示为滑槽式杠杆回转型手部结构,杠杆形手指 4 的一端装有 V 形指 5,另一端则开有长滑槽。驱动杆 1 上的圆柱销 2 套在滑槽内,当驱动连杆同圆柱销一起做往复运动时,即可拨动两个手指各绕其支点(铰销 3)做相对回转运动,从而实现手指的夹紧与松开动作。

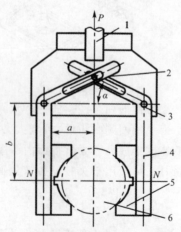

图 2-11　滑槽式杠杆回转型手部结构

1—驱动杆;2—圆柱销;3—铰销;4—手指;5—V 形指;6—工件

图 2-12 所示为双支点连杆杠杆式手部结构。驱动杆 2 末端与连杆 4 由铰销 3 铰接,当驱动杆 2 做直线往复运动时,则通过连杆推动两杆手指各绕其支点做回转运动,从而使手指松开或闭合。

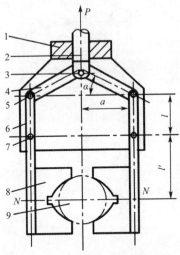

图 2-12 双支点连杆杠杆式手部结构
1—壳体;2—驱动杆;3—铰销;4—连杆;5、7—圆柱销;6—手指;8—V形指;9—工件

图 2-13 所示为齿轮齿条直接传动的齿轮杠杆式手部结构。驱动杆 2 末端制成双面齿条,与扇齿轮 4 相啮合,而扇齿轮 4 与手指 5 固连在一起,可绕支点回转。驱动力推动齿条做直线往复运动,即可带动扇齿轮回转,从而使手指松开或闭合。

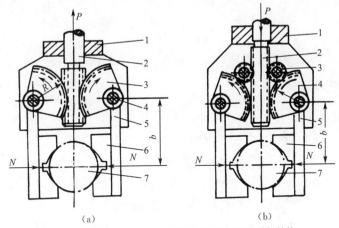

（a）　　　　　　　　　（b）
图 2-13 齿条齿轮直接传动的齿轮杠杆式手部结构
1—壳体;2—驱动杆;3—扇齿轮;4—中间齿轮;5—手指;6—V形指;7—工件

②平移型传动机构。平移型夹持式手部是通过手指的指面做直线往复运动或平面移动来实现张开或闭合动作的,常用于夹持具有平行平面的工件(如冰箱等)。其结构较复杂,不如回转型手部应用广泛。

1)直线往复型

复移动机构:实现直线往复移动的机构很多,常用的斜楔传动、齿条传动、螺旋传动等均可应用于手部结构。它们既可是双指型的,也可是三指(或多指)型的;既可自动定心,也可非自动定心。直线平移型手部结构如图 2-14 所示。

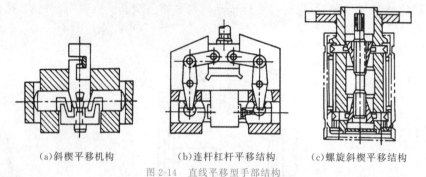

(a)斜楔平移机构   (b)连杆杠杆平移结构   (c)螺旋斜楔平移结构

图 2-14   直线平移型手部结构

2)平面平行移动机构

图 2-15 所示为几种平面平行平移型夹持式手部的结构。它们的共同点是,都采用平行四边形的铰链机构——双曲柄铰链四连杆机构,以实现手指平移。其差别在于分别采用齿条齿轮、蜗杆蜗轮、连杆斜滑槽的传动方法。

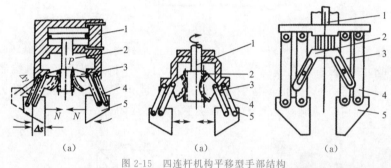

(a)   (a)   (a)

图 2-15   四连杆机构平移型手部结构

1—驱动器;2—驱动元件;3—驱动摇杆;4—从动摇杆;5—手指

2.2.3   吸附式末端

(1)气吸附式取料手

气吸附式取料手是利用吸盘内的压力和大气压之间的压力差而工作的。按形成压力差的方法,可分为真空吸附取料手、气流负压吸附取料手、挤压排气式取料手等几种。

气吸附式取料手与夹持式取料手相比,具有结构简单,质量轻,吸附力分布均匀等优点,对于薄片状物体的搬运更有其优越性(如板材、纸张、玻璃等物体),广泛应用于非金属材料或不可有剩磁的材料的吸附。但要求物体表面较平整光滑,无孔无凹槽。

图 2-16 所示为真空吸附取料手的结构。其真空的产生是利用真空泵,真空度较高。主要零件为碟形橡胶吸盘 1,通过固定环 2 安装在支承杆 4 上,支承杆由螺母 5 固定在基板 6 上。取料时,碟形橡胶吸盘与物体表面接触,橡胶吸盘在边缘既起到密封作用,又起到缓冲作用,然后真空抽气,吸盘内腔形成真空,吸取物料。放料时,管路接通大气,失去真空,物体放下。为避免在取、放料时产生撞击,有的还在支承杆上配有弹簧缓冲。为了更好地适应物体吸附面的倾斜状况,有的在橡胶吸盘背面设计有球铰链。真空吸附取料手有时还用于微小无法抓取的零件。

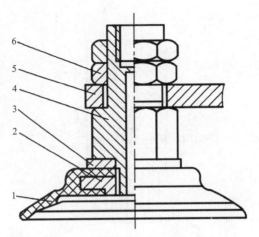

图 2-16　真空吸附取料手的结构

1—碟形橡胶吸盘；2—固定环；3—垫片；4—支承杆；5—基板；6—螺母

（2）气流负压吸附取料手

气流负压吸附取料手结构如图 2-17 所示。气流负压吸附取料手利用流体力学的原理，当需要取物时，压缩空气高速流经喷嘴 5 时，其出口处的气压低于吸盘腔内的气压，于是腔内的气体被高速气流带走而形成负压，完成取物动作；当需要释放时，切断压缩空气即可。这种取料手需要压缩空气，工厂里较易取得，故成本较低。

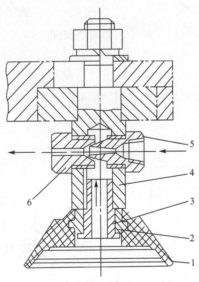

图 2-17　气流负压吸附取料手结构

1—橡胶吸盘；2—心套；3—透气螺钉；4—支承杆；5—喷嘴；6—喷嘴套

（3）挤压排气式取料手

挤压排气式取料手结构如图 2-18 所示。其工作原理：取料时吸盘压紧物体，橡胶吸盘变形，挤出腔内多余的空气，取料手上升，靠橡胶吸盘的恢复力形成负压，将物体吸住；释放时，压下拉杆 3，使吸盘腔与大气相连通而失去负压。该取料手结构简单，但吸附力小，吸附状态不易长期保持。

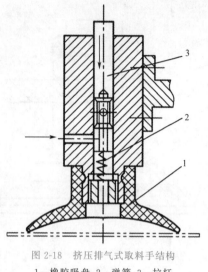

图 2-18 挤压排气式取料手结构

1—橡胶吸盘；2—弹簧；3—拉杆

2.2.4 磁吸附式取料手

磁吸附式取料手是利用电磁铁通电后产生的电磁吸力取料，因此只能对铁磁物体起作用；另外，对某些不允许有剩磁的零件要禁止使用。所以，磁吸附式取料手的使用有一定的局限性。

电磁铁工作原理如图 2-19(a)所示。当线圈 1 通电后，在铁芯 2 内、外产生磁场，磁力线穿过铁芯、空气隙和衔铁 3 被磁化并形成回路，衔铁受到电磁吸力 F 的作用被牢牢吸住。实际使用时，往往采用如图 2-19(b)所示的盘式电磁铁，衔铁是固定的，衔铁内用隔磁材料将磁力线切断，当衔铁接触磁铁物体零件时，零件被磁化形成磁力线回路，并受到电磁吸力而被吸住。

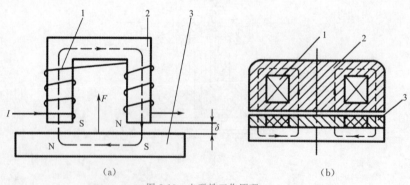

(a)   (b)

图 2-19 电磁铁工作原理

1—线圈；2—铁芯；3—衔铁

图 2-20 所示为盘状磁吸附取料手结构。铁芯 1 和磁盘 3 之间用黄铜焊料焊接并构成隔磁环 2，既焊为一体又将铁芯和磁盘分隔，这样使铁芯成为内磁极，磁盘成为外磁极。其磁路由壳体 6 的外圈，经磁盘、工件和铁芯，再到壳体内圈形成闭合回路，以此吸附工件。铁芯、磁盘和壳体均采用 8～10 号低碳钢制成，可减少剩磁，并在断电时不吸或少吸铁屑。盖

5为用黄铜或铝板制成的隔磁材料,用以压住线圈11,防止工作过程中线圈的活动。挡圈7、8用以调整铁芯和壳体的轴向间隙,即磁路气隙δ,在保证铁芯正常转动的情况下,气隙越大,则电磁吸力越减小,因此,气隙越小越好,一般取$\delta=0.1\sim0.3$ mm。在机器人手臂的孔内可做轴向微量地移动,但不能转动。铁芯和磁盘一起装在轴承上,用以实现在不停车的情况下自动上下料。

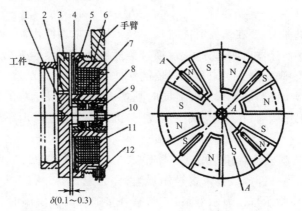

图 2-20　盘状磁吸附取料手结构

1—铁芯;2—隔磁环;3—磁盘;4—卡环;5—盖;6—壳体;7、8—挡圈;9—螺母;10—轴承;11—线圈;12—螺钉

2.2.4　专用末端操作器及转换器

（1）专用末端操作器

机器人是一种通用性很强的自动化设备,可根据作业要求完成各种动作,配上各种专用的末端操作器后,就能完成各种动作。如在通用机器人上安装焊枪就成为一台焊接机器人,安装拧螺母机则成为一台装配机器人。目前有许多由专用电动、气动工具改型而成的操作器,如图 2-21 所示,有拧螺母机、焊枪、电磨头、电铣头、抛光头、激光切割机等。所形成的一整套系列供用户选用,使机器人能胜任各种工作。

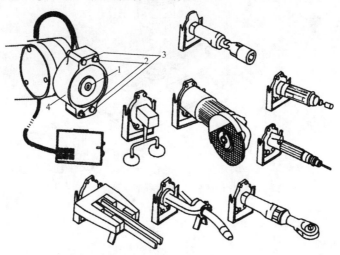

图 2-21　各种专用末端操作器和电磁吸盘式换接器

1—气路接口;2—定位销;3—电接头;4—电磁吸盘

图 2-21 所示是一个装有电磁吸盘式换接器的机器人手腕,电磁吸盘直径为 60 mm,质量为 1 kg,吸力为 1 100 N,换接器可接通电源、信号、压力气源和真空源,电插头有 18 芯,气路接头有 5 路。为了保证连接位置的精度,设置了两个定位销。在各末端操作器的端面装有换接器座,平时陈列于工具架上,需要使用时机器人手腕上的换接器吸盘可从正面吸牢换接器座,接通电源和气源,然后从侧面将末端操作器退出工具架,机器人便可进行作业。

（2）换接器或自动手爪更换装置

使用一台通用机器人,要在作业时能自动更换不同的末端操作器,就需要配置具有快速装卸功能的换接器。换接器由两部分组成:换接器插座和换接器插头,分别装在机器腕部和末端操作器上,能够实现机器人对末端操作器的快速自动更换。

专用末端操作器换接器的要求主要有同时具备气源、电源及信号的快速连接与切换;能承受末端操作器的工作载荷;在失电、失气情况下,机器人停止工作时不会自行脱离;具有一定的换接精度;等等。

图 2-22 所示为气动换接器和专用末端操作器库。该换接器也分成两部分:一部分装在手腕上,称为换接器;另一部分装在末端操作器上,称为配合器。利用气动锁紧器将两部分进行连接,并具有就位指示灯以表示电路、气路是否接通。具体实施时,各种末端操作器放在工具架上,组成一个专用末端操作器库,如图 2-23 所示。

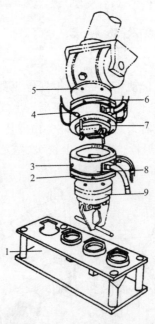

图 2-22　气动换接器与专用末端操作器库

1—末端操作器库;2—操作器过渡法兰;3—位置指示灯;4—换接器气路;5—连接法兰;
6—过渡法兰;7—换接器;8—换接器配合端;9—末端操作器

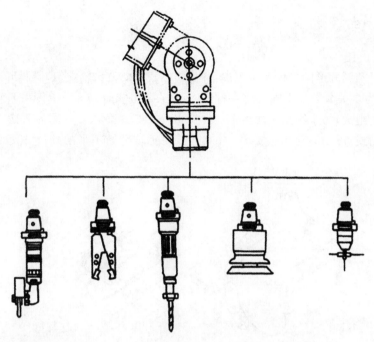

图 2-23　专用末端操作器库

(3)多工位换接装置

某些机器人的作业任务相对较为集中,需要换接一定量的末端操作器,又不必配备数量较多的末端操作器库。这时,可以在机器人手腕上设置一个多工位换接装置。例如,在机器人柔性装配线某个工位上,机器人要依次装配如垫圈、螺钉等零件,装配采用多工位换接装置,可以从几个供料处依次抓取几种零件,然后逐个进行装配,既可以节省几台专用机器人,也可以避免通用机器人频繁换接操作器和节省装配作业时间。

多工位末端操作器换接装置如图 2-24 所示,就像数控加工中心的刀库一样,可以有棱锥型和棱柱型两种形式。棱锥型换接装置可保证手爪轴线和手腕轴线一致,受力较合理,但其传动机构较为复杂;棱柱型换接器传动机构较为简单,但其手爪轴线和手腕轴线不能保持一致,受力不均。

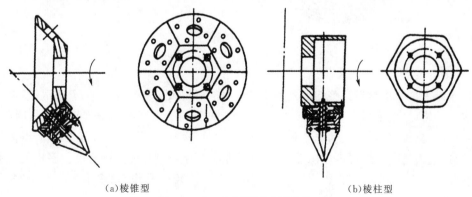

(a)棱锥型　　　　　　　　　　(b)棱柱型

图 2-24　多工位末端操作器换接装置

2.2.5　仿生多指灵巧手

（1）柔性手

为了能对不同外形的物体实施抓取，并使物体表面受力比较均匀，研制出了柔性手。如图 2-25 所示为多关节柔性手腕，每个手指由多个关节串联而成。手指传动部分由牵引钢丝绳及摩擦滚轮组成，每个手指由两根钢丝绳牵引，一侧为握紧，另一侧为放松。驱动源可采用电动机驱动或液压、气动元件驱动。柔性手腕可抓取凹凸不平的外形并使物体受力较为均匀。

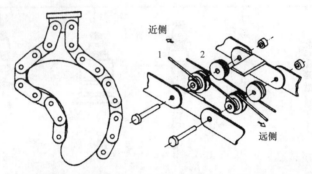

图 2-25　多关节柔性手腕

图 2-26 所示为用柔性材料做成的柔性手。一端固定，一端为自由端的双管合一的柔性管状手爪，当一侧管内充气体或液体、另一侧管内抽气或抽液时形成压力差，柔性手爪就向抽空侧弯曲。此种柔性手适用于抓取轻型、圆形物体，如玻璃器皿等。

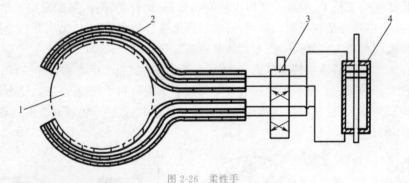

图 2-26　柔性手
1—工件；2—手指；3—电磁阀；4—油缸

（2）多指灵巧手

机器人手爪和手腕最完美的形式是模仿人手的多指灵巧手。如图 2-27 所示，多指灵巧手有多个手指，每个手指有 3 个回转关节，每一个关节的自由度都是独立控制的。因此，几乎人手指能完成的各种复杂动作它都能模仿，如拧螺钉、弹钢琴、做礼仪手势等动作。在手部配置触觉、力觉、视觉、温度传感器，将会使多指灵巧手达到更完美的程度。多指灵巧手的应用前景十分广泛，可在各种极限环境下完成人无法实现的操作，如核工业领域、宇宙空间作业，在高温、高压、高真空环境下作业等。

多指灵巧手的设计主要包括以下机械部分：

①手指关节运动副的形式。

②手指数目。

③手指的结构形式。

④各关节运动的驱动方式及传动方式。

⑤手指的截面结构形式。

⑥手指的材料。

⑦传感器的选用及布置。

⑧各手指之间的相对位置及姿态。

⑨各关节长度及回转关节的回转角度范围。

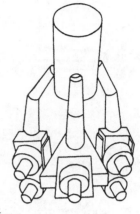

图 2-27　多指灵巧手

关节驱动方式和传动方式：

①气压驱动方式：过载安全性大，污染小，对人体危害小，成本低，但灵敏度差，动作粗糙，对任意位置控制困难，适合开关量运动。

②液压式驱动方式：容易获得较大的操作力，能驱动较大负载，同时其反应速度快，过载安全性大。但一般需要液压动力装置以便将电能转换成液压能。

③记忆合金驱动方式：采用记忆合金进行驱动，较有影响的灵巧手是日本在 1984 年研制成功的 Hitachi 手，该手具有速度快、带负载能力强等优点，但是造价较贵。

④电磁（电动机）驱动方式：能获得中等程度的操作力，若采用性能良好的伺服电机能获得接近液压式的反应速度，成本适中，控制比较方便，易于实现精确运动。

关节的截面结构形式：

手指的截面可以采取的形式主要有圆形、方形、椭圆形及复合形状，内部一般都是空心结构，可以安装滑轮、绳索（腱）、弹簧等。圆形截面的优点是截面内的各向同性、与物体接触时具有相同的性质，尤其是手指采用圆形截面和球面对于实现手指与物体的点接触非常有利。但圆形截面的手指其各关节之间的连接不太方便，也因此影响了这种手指的强度。截面为方形的手指与物体接触时，比较接近于人手内面与物体的接触形式，因此与物体的接触面积较大，容易实现较大力量的抓取。这种手指的各关节之间的连接比较容易。截面为椭圆形的手指与截面为方形的手指的特点比较接近，但制造略难。

传感器的选用及布置：

手指上可以采用的传感器主要有力觉、接近觉、接触觉、压觉、滑动觉、温度觉等。一般情况下，力觉传感器在多指灵巧手上都有安装，而其他的传感器，可以根据所设计的灵巧手的主要使用场合适当取舍。传感器的布置主要应考虑满足测量要求、均匀分布、对灵巧手的正常操作影响最小、非测量部分尽量隐藏等。

（2）其他手

①弹性力手爪

弹性力手爪的特点是其夹持物体的抓力是由弹性元件提供的，不需要专门的驱动装置，在抓取物体时需要一定的压入力，而在卸料时，则需要一定的拉力。

②摆动式手爪

摆动式手爪的特点是在手爪的开合过程中，其爪的运动状态是绕固定轴摆动的，结构简单，使用较广，适合于圆柱表面物体的抓取。

图 2-28 所示为一种摆动式手爪的结构原理图。这是一种连杆摆动式手爪,活塞杆移动,并通过连杆带动手爪回绕同一轴摆动,完成开合动作。

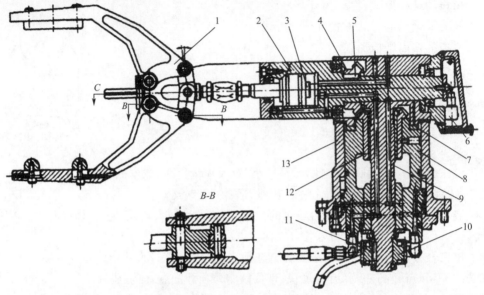

图 2-28　摆动式手爪的结构原理图

1—手爪;2—夹紧油缸;3—活塞杆;4—锥齿轮;5—键;6—行程开关;7—止推轴承垫;
8—活塞套;9—主体轴;10—圆柱齿轮;11—键;12—锥齿轮;13—升降油缸体

图 2-29 所示为自重式手部结构,要求工件对手指的作用力的方向应在手指回转轴垂直线的外侧,使手指趋向闭合。用这种手部结构来夹紧工件是依靠工件本身的质量来实现的,工件越重,握力越大。手指的开合动作由铰接活塞油缸实现。该手部结构适用于传输垂直上升或水平移动的重型工件。

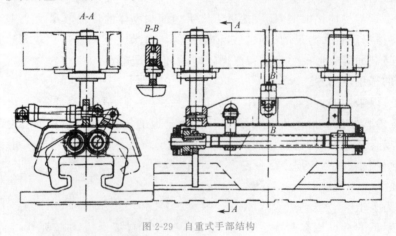

图 2-29　自重式手部结构

图 2-30 所示为弹簧外卡式手部结构。手指 1 的夹放动作是依靠手臂的水平移动而实现的。当顶杆 2 与工件端面相接触时,压缩弹簧 3,并推动拉杆 4 向右移动,使手指 1 绕支承轴回转而夹紧工件。卸料时手指 1 与卸料槽口相接触,使手指张开,顶杆 2 在弹簧 3 的作用下将工件推入卸料槽内。这种手部适用于抓取轻小环形工件,如轴承内座圈等。

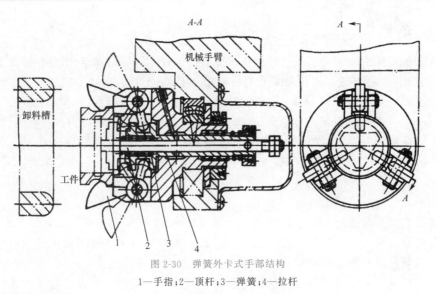

图 2-30　弹簧外卡式手部结构

1—手指；2—顶杆；3—弹簧；4—拉杆

③勾托式手部

图 2-31 所示为勾托式手部结构。勾托式手部并不靠夹紧力来夹持工件，而是利用工件本身的质量，通过手指对工件的勾、托、捧等动作来托持工件。应用勾托方式可降低对驱动力的要求，简化手部结构，甚至可以省略手部驱动装置。该手部适用于在水平面内和垂直面内搬运大型笨重的工件或结构粗大而质量较轻且易变形的物体。

勾托式手部又有手部无驱动装置和有驱动装置两种类型。

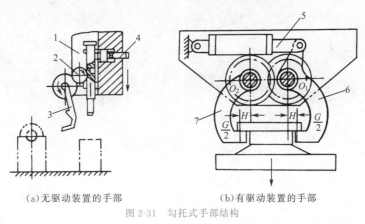

（a）无驱动装置的手部　　　　　　（b）有驱动装置的手部

图 2-31　勾托式手部结构

1—齿条；2—齿轮；3—手指；4—销子；5—驱动油缸；6、7—杠杆手指

2.3　外围系统设计

机器人的自动化外围设备包括行走导轨、抓手系统、物流系统、智能系统、变位机、夹具等，除由机器人制造商提供外，还可以根据客户的个性化要求定制。

2.3.1 导轨

导轨(Guide Rail)是指金属或其他材料制成的槽或脊,可承受、固定、引导移动装置或设备并减少其摩擦的一种装置。导轨表面上的纵向槽或脊,用于导引和固定机器部件、专用设备、仪器等。导轨又称滑轨、线性导轨、线性滑轨,用于直线往复运动场合,拥有比直线轴承更高的额定负载,同时可以承担一定的扭矩,可在高负载的情况下实现高精度的直线运动。

对于工业机器人外围系统,移动导轨被称为"第7轴",极大增加了工业机器人的工作范围和应用价值,在汽车、物流等领域广泛应用。如图 2-32 为某工业机器人移动导轨。

2.3.2 输送线

输送线主要是完成物料的输送任务。在环绕库房、生产车间和包装车间的场地,设置有由许多皮带输送机、滚筒输送机等组成的一条条输送链,经首尾连接形成连续的输送线。在物料的入口处和出口处设有路径岔口装置、升降机和地面输送线。在库房、生产车间和包装车间范围内形成了一个既可顺畅到达各个生产位置同时又是封闭的循环输送线系统。生产过程中使用的所有的有关材料、零件、部件和成品等物料,都须装在贴有条形码的托盘箱里才能进入输送线系统。在生产管理系统发出的生产指令的作用下,装有物料的托盘箱从指定的入口处进入输送线系统。在汽车、物流等领域应用广泛,如图 2-33 所示。

图 2-32 某工业机器人移动导轨

图 2-33 工业机器人汽车输送线

//////////////// 练习题 ////////////////

1.工业机器人机械系统由哪几个部分组成,各自作用是什么?

2.末端夹爪包括哪几种类型,并简要说明夹爪式和吸附式末端的优缺点。

3.如图 2-34 所示为某工业机器人专用末端结构,根据末端分类原则,指出其所属类型,并说明是如何工作的。

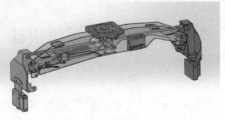
图 2-34 某工业机器人专用末端结构

第 3 章

工业机器人运动学和动力学

本章研究工业机器人运动学和动力学问题,其中运动学分为正运动学和逆运动学。运动学是指根据机器人关节变量的取值来确定末端执行器的位置和姿态。从几何的角度(不涉及物体本身的物理性质和加在物体上的力)描述和研究物体位置随时间的变化规律的力学分支。以研究质点和刚体这两个简化模型的运动为基础,并进一步研究变形体(弹性体、流体等)的运动。研究后者的运动时,须把变形体中微团的刚性位移和应变分开。点的运动学是研究点的运动方程、轨迹、位移、速度、加速度等运动特征,这些都随所选参考坐标系的不同而不同;而刚体运动学还要研究刚体本身的转动过程、角速度、角加速度等更复杂的运动特征。

动力学描述了机器人的工作过程中力与运动之间的关系。是理论力学的一个分支学科。它主要研究作用于物体的力与物体运动的关系。动力学的研究对象是运动速度远小于光速的宏观物体。动力学是物理学和天文学的基础,也是许多工程学科的基础。许多数学上的进展也常与解决动力学问题有关,所以数学家对动力学有着浓厚的兴趣。二者之间的区别:动力学研究的是既涉及运动又涉及受力情况,或者说跟物体质量有关系。常与牛顿第二定律或动能定理、动量定理等式子中含有 m 的学问有关,含有 m 则说明要研究物体之间的相互作用就是力。

3.1 数学基础

3.1.1 点的齐次坐标

(1)点向量

点向量能够描述空间的一个点在某个坐标系的空间位置。同一个点在不同坐标系的描述及位置向量的值也不同。如图 3-1 所示，点 p 在 E 坐标系上表示为 E_v，在 H 坐标系上表示为 u，且 $v \neq u$。一个点向量可表示为

$$v = ai + bj + ck$$

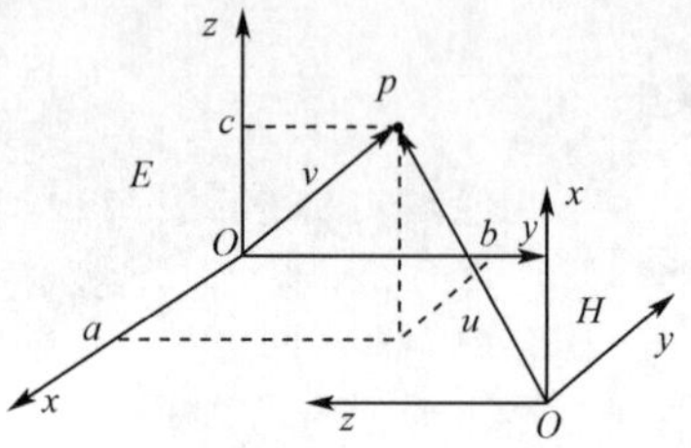

通常用一个 $(n+1)$ 维列矩阵表示，即除 x、y、z 轴三个方向上的分量外，再加一个比例因子 w，即

$$v = [x, y, z, w]^{\mathrm{T}}$$

其中，$a = x/w, b = y/w, c = zw$。

已知两个向量，即

$$a = a_x i + a_y j + a_z k$$
$$b = b_x i + b_y j + b_z k$$

向量的点积是标量。用"·"来定义向量点积，即

$$a \cdot b = a_x b_x + a_y b_y + a_z b_z$$

向量的叉积是一个垂直于由叉积的两个向量构成的平面的向量。用"×"表示叉积，即

$$a \times b = (a_y b_z - a_z b_y)i + (a_z b_x - a_x b_z)j + (a_x b_y - a_y b_x)k$$

可用行列式表示为

$$a \times b = \begin{vmatrix} i & j & k \\ a_x & a_y & a_z \\ b_x & b_y & b_z \end{vmatrix}$$

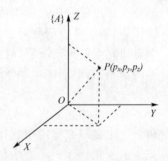

图 3-1　点向量的描述

（2）点的齐次坐标

如图 3-2 所示，在直角坐标系 $\{A\}$ 中，空间任一点 P 的位置可用 (3×1) 的位置矢量 $^A P$ 表示，即

$$^A P = \begin{bmatrix} p_x \\ p_y \\ p_z \end{bmatrix}$$

其中，p_x、p_y、p_z 是点 P 的三个位置坐标分量。

如用四个数组成的 (4×1) 列阵表示三维空间直角坐标系 $\{A\}$ 中点 P，则该列阵称为三维空间点 P 的齐次坐标，即

$$P = \begin{bmatrix} p_x \\ p_y \\ p_z \\ 1 \end{bmatrix}$$

图 3-2　点在空间的位置

齐次坐标并不是唯一的，当列阵的每一项分别乘以一个非零因子 ω 时，即

$$P = \begin{bmatrix} p_x \\ p_y \\ p_z \\ 1 \end{bmatrix} = \begin{bmatrix} a \\ b \\ c \\ \omega \end{bmatrix}$$

其中，$a = \omega p_x, b = \omega p_y, c = \omega p_z$。

该列阵也表示 P 点的齐次坐标的表示不是唯一的,随着 w 值的不同而不同。在计算机图学中,w 作为通用比例因子,可取任意正值,但在机器人的运动分析中,总是取 $w=1$。

3.1.2　位姿的表示

（1）坐标轴方向的描述

如图 3-3 所示,用 i、j、k 来表示直角坐标系中 X、Y、Z 坐标轴的单位矢量,用齐次坐标来描述 X、Y、Z 坐标轴的方向,则

$$X = \begin{bmatrix} 1 \\ 0 \\ 0 \\ 0 \end{bmatrix}, \quad Y = \begin{bmatrix} 0 \\ 1 \\ 0 \\ 0 \end{bmatrix}, \quad Z = \begin{bmatrix} 0 \\ 0 \\ 1 \\ 0 \end{bmatrix}$$

规定:

① 列阵 $[a, b, c, 0]^T$ 中第四个元素为零,且 $a^2+b^2+c^2=1$,表示某轴(或某矢量)的方向。

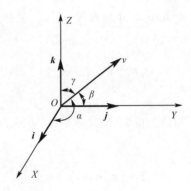

图 3-3　坐标轴方向的描述

② 列阵 $[a, b, c, \omega]^T$ 中第四个元素不为零,则表示空间某点的位置。

例如,在图 3-2 中,矢量 v 的方向用 (4×1) 列阵表示,即

$$v = \begin{bmatrix} a \\ b \\ c \\ 0 \end{bmatrix}$$

其中,$a = \cos\alpha$,$b = \cos\beta$,$c = \cos\gamma$。

当 $\alpha = 60°$,$\beta = 60°$,$\gamma = 45°$ 时,矢量为

$$v = \begin{bmatrix} 0.5 \\ 0.5 \\ 0.707 \\ 0 \end{bmatrix}$$

（2）动坐标系位姿的描述

动坐标系位姿的描述就是用位姿矩阵对动坐标系原点位置和坐标系各坐标轴方向进行描述。该位姿矩阵为 (4×4) 的方阵。如上述直角坐标系可描述为

$$A = \begin{bmatrix} 1 & 0 & 0 & 0 \\ 0 & 1 & 0 & 0 \\ 0 & 0 & 1 & 0 \\ 0 & 0 & 0 & 1 \end{bmatrix}$$

（3）刚体位姿的描述

机器人的每一个连杆均可视为一个刚体,若给定了刚体上某一点的位置和该刚体在空间中的位姿,则这个刚体在空间上是唯一确定的,可用唯一一个位姿矩阵进行描述。如图 3-4 所示,设 $O'_{X'Y'Z'}$ 为与刚体 Q 固连的一个坐标系,称为动坐标系。刚体 Q 在固定坐标系

O_{XYZ} 中的位置可用齐次坐标形式表示,即

$$p=\begin{bmatrix} x_0 \\ y_0 \\ z_0 \\ 1 \end{bmatrix}$$

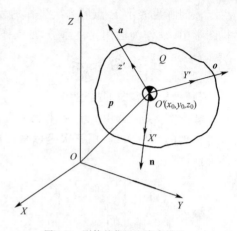

令 n、o、a 分别为 X'、Y'、Z' 坐标轴的单位矢量,即

$$n=\begin{bmatrix} n_x \\ n_y \\ n_z \\ 0 \end{bmatrix}, \quad o=\begin{bmatrix} o_x \\ o_y \\ o_z \\ 0 \end{bmatrix}, \quad a=\begin{bmatrix} a_x \\ a_y \\ a_z \\ 0 \end{bmatrix}$$

刚体的位姿(位置和姿态)表示为(4×4)矩阵,即

$$T=[n,o,a,p]=\begin{bmatrix} n_x & o_x & a_x & x_0 \\ n_y & o_y & a_y & y_0 \\ n_z & o_z & a_x & z_0 \\ 0 & 0 & 0 & 1 \end{bmatrix}$$

图 3-4　刚体的位置和姿态描述

(4)手部位姿的描述

机器人手部的位姿如图 3-5 所示,可用固连于手部的坐标系{B}的位姿来表示。坐标系{B}由原点位置和三个单位矢量唯一确定,即

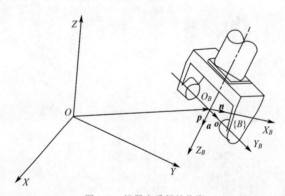

图 3-5　机器人手部的位姿

①原点:取手部中心点为原点 O_B。

②接近矢量:关节轴方向的单位矢量 a。

③姿态矢量:手指连线方向的单位矢量 o。

④法向矢量:n 为法向单位矢量,同时垂直于矢量 a、o,即 $n=o\times a$。

手部位姿矢量为从固定参考坐标系 O_{XYZ} 的原点指向手部坐标系{B}原点的矢量 p,手部的方向矢量为 n、o、a。手部的位姿可由(4×4)矩阵表示,即

$$T=[n,o,a,p]=\begin{bmatrix} n_x & o_x & a_x & p_x \\ n_y & o_y & a_y & p_y \\ n_z & o_z & a_x & p_z \\ 0 & 0 & 0 & 1 \end{bmatrix}$$

3.1.3 齐次变换及运算

（1）平移的齐次变换

如图 3-6 所示为空间某一点在直角坐标系中的平移，由 $A(x,y,z)$ 平移至 $A'(x',y',z')$，即

$$\left. \begin{array}{l} x'=x+\Delta x \\ y'=y+\Delta y \\ z'=z+\Delta z \end{array} \right\}$$

或写成

$$\begin{bmatrix} x' \\ y' \\ z' \\ 1 \end{bmatrix} = \begin{bmatrix} 1 & 0 & 0 & \Delta x \\ 0 & 1 & 0 & \Delta y \\ 0 & 0 & 1 & \Delta z \\ 0 & 0 & 0 & 1 \end{bmatrix} \begin{bmatrix} x \\ y \\ z \\ 1 \end{bmatrix}$$

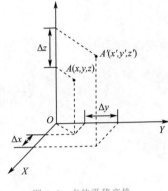

图 3-6 点的平移变换

记为

$$a'=Trans(\Delta x,\Delta y,\Delta z)a$$

其中，$Trans(\Delta x,\Delta y,\Delta z)$ 称为平移算子，Δx、Δy、Δz 分别表示沿 X、Y、Z 轴的移动量。即

$$Trans(\Delta x,\Delta y,\Delta z)= \begin{bmatrix} 1 & 0 & 0 & \Delta x \\ 0 & 1 & 0 & \Delta y \\ 0 & 0 & 1 & \Delta z \\ 0 & 0 & 0 & 1 \end{bmatrix}$$

注意：

①算子左乘：点的平移是相对固定坐标系进行的坐标变换。

②算子右乘：点的平移是相对动坐标系进行的坐标变换。

③该公式亦适用于坐标系的平移变换、物体的平移变换，如机器人手部的平移变换。

（2）旋转的齐次变换

点在空间直角坐标系中的旋转如图 3-7 所示。$A(x,y,z)$ 绕 Z 轴旋转 θ 后至 $A'(x',y',z')$，A 与 A' 之间的关系为

$$\left. \begin{array}{l} x'=x\cos\theta-y\sin\theta \\ y'=y\sin\theta+y\cos\theta \\ z'=z \end{array} \right\}$$

写成矩阵形式为

$$\begin{bmatrix} x' \\ y' \\ z' \\ 1 \end{bmatrix} = \begin{bmatrix} \cos\theta & -\sin\theta & 0 & 0 \\ \sin\theta & \cos\theta & 0 & 0 \\ 0 & 0 & 1 & 0 \\ 0 & 0 & 0 & 1 \end{bmatrix} \begin{bmatrix} x \\ y \\ z \\ 1 \end{bmatrix}$$

记为

$$a'=Rot(z,\theta)a$$

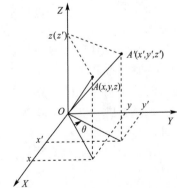

图 3-7 点的旋转变换

其中，绕 Z 轴旋转算子的左乘是表示相对于固定坐标系，即

$$Rot(z,\theta)=\begin{bmatrix} \cos\theta & -\sin\theta & 0 & 0 \\ \sin\theta & \cos\theta & 0 & 0 \\ 0 & 0 & 1 & 0 \\ 0 & 0 & 0 & 1 \end{bmatrix}$$

同理可推导出绕 X 轴和 Y 轴的旋转算子，即

$$Rot(x,\theta)=\begin{bmatrix} 1 & 0 & 0 & 0 \\ 0 & \cos\theta & -\sin\theta & 0 \\ 0 & \sin\theta & \cos\theta & 0 \\ 0 & 0 & 0 & 1 \end{bmatrix}$$

$$Rot(y,\theta)=\begin{bmatrix} \cos\theta & 0 & \sin\theta & 0 \\ 0 & 1 & 0 & 0 \\ -\sin\theta & 0 & \cos\theta & 0 \\ 0 & 0 & 0 & 1 \end{bmatrix}$$

如图 3-8 所示为点 A 绕任意过原点的单位矢量 k 旋转 θ 的情况。kx、ky、kz 分别为矢量 k 在固定参考坐标系下 X、Y、Z 轴上的三个分量，且 $k^2x+k^2y+k^2z=1$。可以证明，其旋转齐次变换矩阵为

$$Rot(k,\theta)=\begin{bmatrix} k_xk_x(1-\cos\theta)+\cos\theta & k_yk_x(1-\cos\theta)-k_z\sin\theta & k_zk_x(1-\cos\theta)+k_y\sin\theta & 0 \\ k_xk_y(1-\cos\theta)+k_z\sin\theta & k_yk_y(1-\cos\theta)+\cos\theta & k_zk_y(1-\cos\theta)-k_x\sin\theta & 0 \\ k_xk_z(1-\cos\theta)-k_y\sin\theta & k_yk_z(1-\cos\theta)-k_x\sin\theta & k_zk_z(1-\cos\theta)+\cos\theta & 0 \\ 0 & 0 & 0 & 1 \end{bmatrix}$$

注意：

①该式为一般旋转齐次变换通式，概括了绕 X、Y、Z 轴进行旋转变换的情况。反之，当给出某个旋转齐次变换矩阵，则可求得 k 及转角 θ。

②变换算子公式不仅适用于点的旋转，也适用于矢量、坐标系、物体的旋转。

③左乘是相对固定坐标系的变换；右乘是相对动坐标系的变换。

（3）平移加旋转的齐次变换

平移变换和旋转变换可以组合在一起，计算时只要用旋转算子乘上平移算子就可以实现在旋转上加平移。

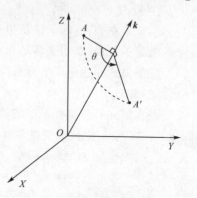

图 3-8 点的一般旋转变换

例题：已知坐标系中点 U 的齐次坐标 $U=\begin{bmatrix} 7 & 3 & 2 & 1 \end{bmatrix}^T$，将此点绕 Z 轴旋转 $90°$，再绕 Y 轴旋转 $90°$，还要作 $4i-3j+7k$ 的平移，求变换后得到的点 W 的列阵表达式。

$$W=Trans(4,-3,7)Rot(y,90°)Rot(z,90°)U$$

$$= \begin{bmatrix} 1 & 0 & 0 & 4 \\ 0 & 1 & 0 & -3 \\ 0 & 0 & 1 & 7 \\ 0 & 0 & 0 & 1 \end{bmatrix} \begin{bmatrix} 0 & 0 & 1 & 0 \\ 0 & 1 & 0 & 0 \\ -1 & 0 & 0 & 0 \\ 0 & 0 & 0 & 1 \end{bmatrix} \begin{bmatrix} 0 & -1 & 0 & 0 \\ 1 & 0 & 0 & 0 \\ 0 & 0 & 1 & 0 \\ 0 & 0 & 0 & 1 \end{bmatrix} \begin{bmatrix} 7 \\ 3 \\ 2 \\ 1 \end{bmatrix}$$

$$= \begin{bmatrix} 6 \\ 4 \\ 10 \\ 1 \end{bmatrix}$$

3.2　工业机器人运动学

机器人运动学研究的两类问题:运动学正问题——已知杆件几何参数和关节角矢量,求操作机末端执行器相对于固定参考坐标的位置和姿态(齐次变换问题)。运动学逆问题——已知操作机杆件的几何参数,给定操作机末端执行器相对于参考坐标系的期望位置和姿态(位置),操作机能否使其末端执行器达到这个预期的位姿? 如能达到,那么操作机有几种不同形态可以满足同样的条件?本节将从 D-H 算法、正向运动学和逆向运动学来建立机器人运动学方程。

3.2.1　D-H 算法

(1)D-H 算法原理

在 1955 年,Denavit 和 Hartenberg 在"ASME Journal of Applied Mechanics"发表了一篇论文,后来利用这篇论文来对机器人进行表示和建模,并导出了它们的运动方程,这已成为表示机器人和对机器人运动进行建模的标准方法。Denavit Hartenberg(D-H)模型表示了对机器人连杆和关节进行建模的一种非常简单的方法,可用于任何机器人构型,而不管机器人的结构顺序和复杂程度如何。它也可用于表示已经讨论过的在任何坐标中的变换,例如直角坐标、圆柱坐标、球坐标、欧拉角坐标及 RPY 坐标等。另外,它也可以用于表示全旋转的链式机器人、SCARA 机器人或任何可能的关节和连杆组合。尽管采用前面的方法对机器人直接建模会更快、更直接,但 D-H 表示法有其附加的好处,使用它已经开发了许多技术,例如,雅克比矩阵的计算和力分析等。

假设机器人由一系列关节和连杆组成。这些关节可能是滑动(线性)的或旋转(转动)的,它们可以按任意的顺序放置并处于任意的平面。连杆也可以是任意的长度(包括零),它可能被弯曲或扭曲,也可能位于任意平面上。因此任何一组关节和连杆都可以构成一个我们想要建模和表示的机器人。

为此,需要给每个关节指定一个参考坐标系,然后,确定从一个关节到下一个关节(一个坐标系到下一个坐标系)来进行变换的步骤。如果将从基座到第一个关节,再从第一个关节到第二个关节直至到最后一个关节的所有变换结合起来,就得到了机器人的总变换矩阵。

在下一节,将根据 D-H 表示法确定一个一般步骤来为每个关节指定参考坐标系,然后确定如何实现任意两个相邻坐标系之间的变换,最后写出机器人的总变换矩阵。

假设一个机器人由任意多的连杆和关节以任意形式构成。图 3-9 表示了三个顺序的关节和两个连杆。虽然这些关节和连杆并不一定与任何实际机器人的关节或连杆相似,但是它们非常常见,且能很容易地表示实际机器人的任何关节。这些关节可能是旋转的、滑动的或两者都有。尽管在实际情况下,机器人的关节通常只有一个自由度,但图 3-9 中的关节可以表示一个或两个自由度。

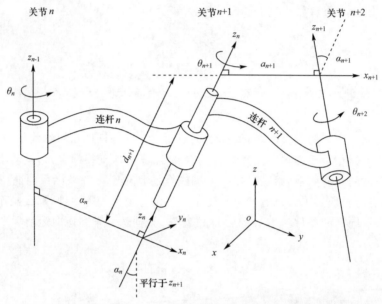

图 3-9 三个顺序的关节和两个连杆

图 3-10 表示三个关节的位姿变换过程,每个关节都是可以转动或平移的。第一个关节指定为关节 n,第二个关节指定为关节 $n+1$,第三个关节指定为关节 $n+2$。在这些关节的前后可能还有其他关节。连杆也是如此表示,连杆 n 位于关节 $n-1$ 与 $n+1$ 之间,连杆 $n+1$ 位于关节 $n+1$ 与 $n+2$ 之间。

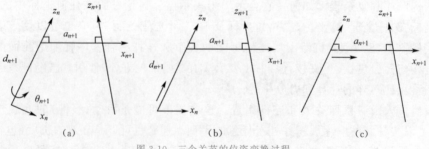

图 3-10 三个关节的位姿变换过程

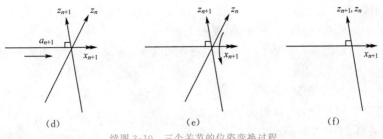

续图 3-10　三个关节的位姿变换过程

（2）机器人连杆参数

运动学中，常把机器人的轴或臂称为连杆等刚体来进行分析，描述机器人的连杆可以通过两个几何参数：连杆长度 a_n 和扭角 α_n，如图 3-11 所示。

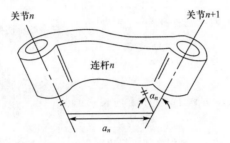

图 3-11　连杆的几何参数

描述相邻杆件 n 与 $n-1$ 的关系的两个参数：连杆距离 d_n 和连杆转角 θ_n，如图 3-12 所示。

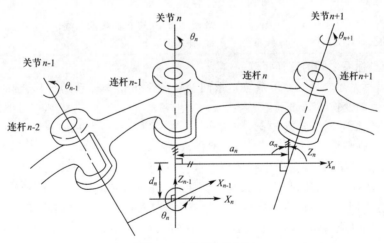

图 3-12　连杆的关系参数

每个连杆都可以由四个参数来描述，其中两个是连杆尺寸，两个表示连杆与相邻连杆的连接关系。确定连杆的运动类型，同时根据关节变量即可设计关节运动副，从而进行整个机器人的结构设计。已知各个关节变量的值，便可从基座固定坐标系通过连杆坐标系的传递，推导出手部坐标系的位姿形态。

（3）连杆坐标系的建立

建立连杆 n 坐标系（简称 n 系）的规则如下：

①连杆 n 坐标系的坐标原点位于 $n+1$ 关节轴线上，是关节 $n+1$ 的关节轴线与 n 和 $n+1$ 关节轴线公垂线的交点。

②Z 轴与 $n+1$ 关节轴线重合。

③X 轴与公垂线重合，从 n 指向 $n+1$ 关节。

④Y 轴按右手螺旋法则确定。

表 3-1 将连杆参数和坐标系相关内容进行了总结，便于学习掌握。

表 3-1　　　　　　　　　　　　　　连杆参数及坐标系

(1)连杆的参数			
名称	含义	"±"号	性质
θ_n	转角	连杆 n 绕关节 n 的 Z_{n-1} 轴的转角	右手螺旋法则	转动关节为变量 移动关节为常量
d_n	距离	连杆 n 沿关节 n 的 Z_{n-1} 轴的位移	沿 Z_{n-1} 正向为正	转动关节为常量 移动关节为变量
a_n	长度	沿 X_n 正方向上，连杆 n 的长度，尺寸参数	与 X_n 正向一致	常量
α_n	扭角	连杆 n 两关节轴线之间的扭角，尺寸参数	右手螺旋法则	常量

(2)连杆 n 的坐标系 $O_n Z_n X_n Y_n$			
原点 O_n	轴 Z_n	轴 X_n	轴 Y_n
位于关节 $n+1$ 轴线与连杆 n 两关节轴线的公垂线交点处	与关节 $n+1$ 轴线重合	沿连杆 n 两关节轴线的公垂线，并指向 $n+1$ 关节	按右手螺旋法则确定

（4）连杆坐标系之间的变换矩阵

各连杆坐标系建立后，$n-1$ 系与 n 系间变换关系可用坐标系的平移、旋转来实现。从 $n-1$ 系到 n 系的变换步骤如下：

①令 $n-1$ 系绕 Z_{n-1} 轴旋转 θ_n，使 X_{n-1} 与 X_n 平行，算子为 $Rot(z,\theta_n)$。

②沿 Z_{n-1} 轴平移 d_n，使 X_{n-1} 与 X_n 重合，算子为 $Trans(0,0,d_n)$。

③沿 X_n 轴平移 a_n，使两个坐标系原点重合，算子为 $Trans(a_n,0,0)$。

④绕 X_n 轴旋转 α_n，使得 $n-1$ 系与 n 系重合，算子为 $Rot(x,\alpha_n)$。

该变换过程用一个总的变换矩阵 A_n 来表示连杆 n 的齐次变换矩阵，即

$$A_n = \underset{(1)}{Rot(z,\theta_n)} \underset{(2)}{Trans(0,0,d_n)} \underset{(3)}{Trans(a_n,0,0)} \underset{(4)}{Rot(x,\alpha_n)}$$

$$= \begin{bmatrix} \cos\theta_n & -\sin\theta_n & 0 & 0 \\ \sin\theta_n & \cos\theta_n & 0 & 0 \\ 0 & 0 & 1 & 0 \\ 0 & 0 & 0 & 1 \end{bmatrix} \begin{bmatrix} 1 & 0 & 0 & 0 \\ 0 & 1 & 0 & 0 \\ 0 & 0 & 1 & d_n \\ 0 & 0 & 0 & 1 \end{bmatrix} \begin{bmatrix} 1 & 0 & 0 & a_n \\ 0 & 1 & 0 & 0 \\ 0 & 0 & 1 & 0 \\ 0 & 0 & 0 & 1 \end{bmatrix} \begin{bmatrix} 1 & 0 & 0 & 0 \\ 0 & \cos\alpha_n & -\sin\alpha_n & 0 \\ 0 & \sin\alpha_n & \cos\alpha_n & 0 \\ 0 & 0 & 0 & 1 \end{bmatrix}$$

$$= \begin{bmatrix} \cos \theta_n & -\sin \theta_n \cos \alpha_n & \sin \theta_n \sin \alpha_n & \alpha_n \cos \theta_n \\ \sin \theta_n & \cos \theta_n \cos \alpha_n & -\cos \theta_n \sin \alpha_n & \alpha_n \sin \theta_n \\ 0 & \sin \alpha_n & \cos \alpha_n & d_n \\ 0 & 0 & 0 & 1 \end{bmatrix}$$

实际中，多数机器人连杆参数均取特殊值，如 $\alpha_n = 0$ 或 $d_n = 0$，可以使计算简单且控制方便。

3.2.2 正向运动学

所谓运动学，是指根据机器人关节变量的取值来确定末端执行器的位置和姿态。它是从几何的角度（不涉及物体本身的物理性质和加在物体上的力）描述和研究物体位置随时间的变化规律的力学分支。以研究质点和刚体这两个简化模型的运动为基础，并进一步研究变形体（弹性体、流体等）的运动。研究后者的运动，须把变形体中微团的刚性位移和应变分开。点的运动学研究点的运动方程、轨迹、位移、速度、加速度等运动特征，这些都随所选参考系的不同而异；刚体运动学还要研究刚体本身的转动过程、角速度、角加速度等更复杂些的运动特征。

（1）运动学方程

A 变换矩阵（A 矩阵）：描述一个连杆坐标系与下一个连杆坐标系之间相对关系的齐次变换矩阵。

（六连杆）机器人运动学方程为

$$T_6 = A_1 A_2 A_3 A_4 A_5 A_6$$

分析该矩阵：前三列表示手部的姿态；第四列表示手部中心点的位置。可写成如下形式

$$T_6 = \begin{bmatrix} {}_n^0 R & {}_n^0 p \\ 0 & 1 \end{bmatrix} = \begin{bmatrix} n_x & o_x & a_x & p_x \\ n_y & o_y & a_y & p_y \\ n_z & o_z & a_z & p_z \\ 0 & 0 & 0 & 1 \end{bmatrix}$$

（2）正向运动学及实例

① 平面关节型机器人运动学方程

如图 3-13 所示为 SCARA 装配机器人的坐标系。

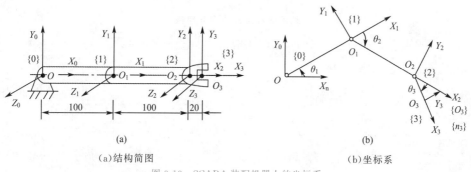

(a)结构简图　　　　　　　　　　　　　　(b)坐标系

图 3-13　SCARA 装配机器人的坐标系

该机器人的连杆参数见表 3-2。

表 3-2   SCARA 装配机器人的连杆参数

连杆	转角(变量)θ	两连杆间距离 d	连杆长度 a	连杆扭角 α
连杆 1	θ_1	$d_1=0$	$a_1=l_1=100$	$\alpha_1=0$
连杆 2	θ_2	$d_2=0$	$a_2=l_2=100$	$\alpha_2=0$
连杆 3	θ_3	$d_3=0$	$a_3=l_3=20$	$\alpha_3=0$

该平面关节型机器人的运动学方程为

$$T_3=A_1A_2A_3$$

式中

$$A_1=Rot(z_0,\theta_1)Trans(l_1,0,0)$$
$$A_2=Rot(z_1,\theta_2)Trans(l_2,0,0)$$
$$A_3=Rot(z_2,\theta_3)Trans(l_3,0,0)$$

可求 T_3，即

$$T_3=\begin{bmatrix} \cos(\theta_1+\theta_2+\theta_3) & -\sin(\theta_1+\theta_2+\theta_3) & 0 & l_3\cos(\theta_1+\theta_2+\theta_3)+l_2\cos(\theta_1+\theta_2)+l_1\cos\theta_1 \\ \sin(\theta_1+\theta_2+\theta_3) & \cos(\theta_1+\theta_2+\theta_3) & 0 & l_3\sin(\theta_1+\theta_2+\theta_3)+l_2\sin(\theta_1+\theta_2)+l_1\sin\theta_1 \\ 0 & 0 & 1 & 0 \\ 0 & 0 & 0 & 1 \end{bmatrix}$$

T_3 为手部坐标系(手部)的位姿。由于其可写成(4×4)的矩阵形式,把 θ_1、θ_2、θ_3 代入即可得向量 p、n、o、a。

当转角变量分别为 $\theta_1=30°$,$\theta_2=-60°$,$\theta_3=-30°$时,则可根据平面关节型机器人运动学方程求解出运动学正解,即手部的位姿矩阵表达,得

$$T_3=\begin{bmatrix} 0.5 & 0.866 & 0 & 183.2 \\ -0.866 & 0.5 & 0 & -17.32 \\ 0 & 0 & 1 & 0 \\ 0 & 0 & 0 & 0 \end{bmatrix}$$

②斯坦福机器人的运动学方程

斯坦福(STANFORD)机器人的结构和连杆坐标系如图 3-14 和图 3-15 所示,其连杆参数见表 3-3。

表 3-3   斯坦福机器人的连杆参数

杆号	关节转角 θ	两连杆间距离 d	连杆长度 a	连杆扭角 α
连杆 1	θ_1	0	0	$-90°$
连杆 2	θ_2	d_2	0	$90°$
连杆 3	0	d_3	0	0
连杆 4	θ_4	0	0	$-90°$
连杆 5	θ_5	0	0	$90°$
连杆 6	θ_6	H	0	0

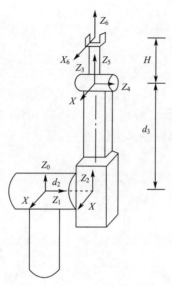

图 3-14　斯坦福(STANFORD)机器人的结构坐标系

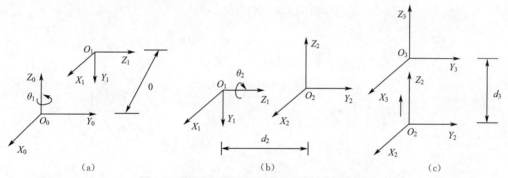

（a）　　　　　　　　　　（b）　　　　　　　　　　（c）

图 3-15　斯坦福(STANFORD)机器人的连杆坐标系

齐次变换矩阵为

$$A_1 = Rot(z_0, \theta_1) Rot(x_1, \alpha_1) = \begin{bmatrix} c_1 & 0 & -s_1 & 0 \\ s_1 & 0 & c_1 & 0 \\ 0 & -1 & 0 & 0 \\ 0 & 0 & 0 & 1 \end{bmatrix}$$

$$A_2 = Rot(z_1, \theta_2) Trans(0, 0, d_2) Rot(x_2, \alpha_2)$$

$$A_3 = Trans(0, 0, d_3)$$

$$A_4 = Rot(z_3, \theta_4) Rot(x_4, \alpha_4)$$

$$A_5 = Rot(z_4, \theta_5) Rot(x_5, \alpha_5)$$

$$A_6 = Rot(z_5, \theta_6) Trans(0, 0, H)$$

斯坦福机器人运动学方程为

$${}^4T_6 = A_5 A_6$$

$${}^3T_6 = A_4 A_5 A_6$$

$${}^2T_6 = A_3 A_4 A_5 A_6$$

$$^{1}T_6 = A_2 A_3 A_4 A_5 A_6$$
$$^{0}T_6 = T_6 = A_1 A_2 A_3 A_4 A_5 A_6$$

3.2.3 逆向运动学

逆向运动学解决的问题是,已知手部的位姿 T_6,求各个关节的变量 θ_n 和 d_n。

如图 3-14 所示,以 6 自由度斯坦福(STANFORD)机器人为例,其连杆坐标系如图 3-15 所示,设坐标系{6}与坐标系{5}原点重合,其运动学方程为

$$T_6 = A_1 A_2 A_3 A_4 A_5 A_6$$

现在给出 T_6 矩阵及各杆参数 a、α、d,求关节变量 $\theta_1 \sim \theta_6$,其中 $\theta_3 = d_3$。

求解过程如下:

(1)求 θ_1

A_1 为坐标系{1},相当于固定坐标系{0}的 Z_0 轴旋转 θ_1,然后绕自身坐标系 X_1 轴做 α_1 的旋转变换,$\alpha_1 = -90°$,即

$$A_1 = Rot(z_0, \theta_1) Rot(x_1, \alpha_1) = \begin{bmatrix} \cos\theta_1 & 0 & -\sin\theta_1 & 0 \\ \sin\theta_1 & 0 & \cos\theta_1 & 0 \\ 0 & -1 & 0 & 0 \\ 0 & 0 & 0 & 1 \end{bmatrix}$$

只要列出 A_1^{-1},在 T_6 两边分别左乘运动学方程,即可得

$$A_1^{-1} T_6 = A_2 A_3 A_4 A_5 A_6$$

将上式左、右展开,得

$$\begin{bmatrix} n_x c_1 + n_y s_1 & o_x c_1 + o_y s_1 & a_x c_1 + a_y s_1 & p_x c_1 + p_y s_1 \\ -n_z & -o_x & -a_z & -p_z \\ -n_x s_1 + n_y c_1 & -o_x s_1 + o_y c_1 & -a_x s_1 + a_y c_1 & -p_x s_1 + p_y c_1 \\ 0 & 0 & 0 & 1 \end{bmatrix}$$

$$= \begin{bmatrix} c_2(c_4 c_5 c_6 - s_4 s_6) + s_2 s_5 c_6 & -c_2(c_4 c_5 s_6 + s_4 c_6) + s_2 s_5 s_6 & c_2 c_4 s_5 + s_2 c_5 & s_2 d_3 \\ s_2(c_4 c_5 c_6 - s_4 s_6) + c_2 s_5 c_6 & -s_2(c_4 c_5 s_6 + s_4 c_6) - c_2 s_5 c_6 & s_2 c_4 s_5 - c_2 c_5 & -c_2 d_3 \\ s_4 c_5 c_6 + c_4 s_6 & -s_4 c_5 s_6 + c_4 c_6 & s_4 s_5 & d_2 \\ 0 & 0 & 0 & 1 \end{bmatrix}$$

取等式左、右两边之第三行第四列相等,即

$$-p_x s_1 + p_y c_1 = d_2$$

所以

$$\theta_1 = \arctan\frac{p_x}{p_y} - \arctan\frac{d_2}{\pm\sqrt{r^2 - d_2^2}}$$

(2)求 θ_2

$$\theta_2 = \arctan\frac{c_1 p_x + s_1 p_y}{p_x}$$

(3)求 θ_3

$$\theta_3 = d_3 = s_2(c_1 p_x + s_1 p_y) + c_2 p_z$$

(4)求 θ_4

$$\theta_4 = \arctan \frac{-s_1 a_x + c_1 a_y}{c_2 (c_1 a_x + s_1 a_y) - s_2 a_z}$$

(5)求 θ_5

$$\theta_5 = \arctan \frac{c_4 [c_2 (c_1 a_x + s_1 a_y) - s_2 a_z] + s_4 (-s_1 a_x + c_1 a_y)}{s_2 (c_1 a_x + s_1 a_y) + c_2 a_z}$$

(6)求 θ_6

$$\theta_6 = \arctan \frac{s_6}{c_6}$$

注意,机器人运动学逆解问题的求解存在如下三个问题:

①解可能不存在

当目标位姿在机器人工作区域外时,逆解不存在,表现为机器人工作范围超限,如图 3-16 所示。

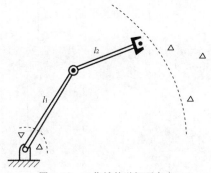

图 3-16 工作域外逆解不存在

②解的多重性

机器人的逆运动学问题可能出现多解,此时需要补充限制因素,如图 3-17 所示。

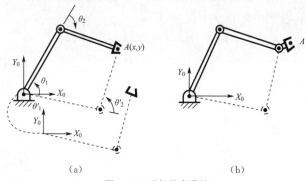

(a)　　　　　　　　　　　(b)

图 3-17 逆解的多重性

③求解方法的多样性

一般分为两类:封闭解和数值解。

3.3 工业机器人动力学

3.3.1 雅克比矩阵

为了补偿机器人末端执行器位姿与目标物体之间的误差,以及解决两个不同坐标系之间的微位移关系问题,需要讨论机器人杆件在做微小运动时的位姿变化。假设一变换的元素是某个变量的函数,对该变换的微分就是该变换矩阵各元素对该变量的偏导数所组成的变换矩阵乘以该变量的微分。

例如,给定变换 T 为

$$T = \begin{bmatrix} t_{11} & t_{12} & t_{13} & t_{14} \\ t_{21} & t_{22} & t_{23} & t_{24} \\ t_{31} & t_{32} & t_{33} & t_{34} \\ t_{41} & t_{42} & t_{43} & t_{44} \end{bmatrix}$$

若它的元素是变量 x 的函数,则 T 的微分为

$$\mathrm{d}T = \begin{bmatrix} \dfrac{\partial t_{11}}{\partial x} & \dfrac{\partial t_{12}}{\partial x} & \dfrac{\partial t_{13}}{\partial x} & \dfrac{\partial t_{14}}{\partial x} \\ \dfrac{\partial t_{21}}{\partial x} & \dfrac{\partial t_{22}}{\partial x} & \dfrac{\partial t_{23}}{\partial x} & \dfrac{\partial t_{24}}{\partial x} \\ \dfrac{\partial t_{31}}{\partial x} & \dfrac{\partial t_{32}}{\partial x} & \dfrac{\partial t_{33}}{\partial x} & \dfrac{\partial t_{34}}{\partial x} \\ \dfrac{\partial t_{41}}{\partial x} & \dfrac{\partial t_{42}}{\partial x} & \dfrac{\partial t_{43}}{\partial x} & \dfrac{\partial t_{44}}{\partial x} \end{bmatrix} \mathrm{d}x$$

数学上雅可比矩阵(Jacobian Matrix)是一个多元函数的偏导矩阵。

假设有六个函数,每个函数有六个变量,即

$$\begin{cases} y_1 = f_1(x_1, x_2, x_3, x_4, x_5, x_6) \\ y_2 = f_2(x_1, x_2, x_3, x_4, x_5, x_6) \\ \vdots \\ y_6 = f_6(x_1, x_2, x_3, x_4, x_5, x_6) \end{cases}$$

将其微分,得

$$\begin{cases} \mathrm{d}y_1 = \dfrac{\partial f_1}{\partial x_1}\mathrm{d}x_1 + \dfrac{\partial f_1}{\partial x_2}\mathrm{d}x_2 + \cdots + \dfrac{\partial f_1}{\partial x_6}\mathrm{d}x_6 \\ \mathrm{d}y_2 = \dfrac{\partial f_2}{\partial x_1}\mathrm{d}x_1 + \dfrac{\partial f_2}{\partial x_2}\mathrm{d}x_2 + \cdots + \dfrac{\partial f_2}{\partial x_6}\mathrm{d}x_6 \\ \vdots \\ \mathrm{d}y_6 = \dfrac{\partial f_6}{\partial x_1}\mathrm{d}x_1 + \dfrac{\partial f_6}{\partial x_2}\mathrm{d}x_2 + \cdots + \dfrac{\partial f_6}{\partial x_6}\mathrm{d}x_6 \end{cases}$$

简化为

$$dY = \frac{\partial F}{\partial X} dX$$

式中的 $\frac{\partial F}{\partial X}$，即雅可比矩阵。

3.3.2 动力学求解

根据牛顿第二定律可知，机器人动力学关于力 $\boldsymbol{F}$ 问题，可以转化为求解加速度 $\boldsymbol{a}$ 的问题，进而转为求解速度 $\boldsymbol{v}$，若求出速度雅克比，该问题便迎刃而解。

（1）速度雅克比

以二自由度平面关节机器人为例。如图 3-18 所示，端点位置 (x, y) 与关节 θ_1、θ_2 的关系为

$$\begin{cases} x = l_1 c_1 + l_2 c_{12} \\ y = l_1 s_1 + l_2 s_{12} \end{cases}$$

$$\begin{cases} x = x(\theta_1, \theta_2) \\ y = y(\theta_1, \theta_2) \end{cases}$$

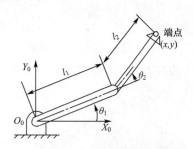

图 3-18 二自由度平面关节机器人

两边微分，得

$$\begin{cases} dx = \dfrac{\partial x}{\partial \theta_1} d\theta_1 + \dfrac{\partial x}{\partial \theta_2} d\theta_2 \\ dy = \dfrac{\partial y}{\partial \theta_1} d\theta_1 + \dfrac{\partial y}{\partial \theta_2} d\theta_2 \end{cases}$$

可写成

$$\begin{bmatrix} dx \\ dy \end{bmatrix} = \begin{bmatrix} \dfrac{\partial x}{\partial \theta_1} & \dfrac{\partial x}{\partial \theta_2} \\ \dfrac{\partial y}{\partial \theta_1} & \dfrac{\partial y}{\partial \theta_2} \end{bmatrix} \begin{bmatrix} d\theta_1 \\ d\theta_2 \end{bmatrix}$$

即

$$d\boldsymbol{X} = \boldsymbol{J} d\theta$$

可知 $\boldsymbol{J}$ 的表达式为

$$\boldsymbol{J} = \begin{bmatrix} \dfrac{\partial x}{\partial \theta_1} & \dfrac{\partial x}{\partial \theta_2} \\ \dfrac{\partial y}{\partial \theta_1} & \dfrac{\partial y}{\partial \theta_2} \end{bmatrix}$$

将 x 和 y 关于 θ 的关系式代入，可求解 $\boldsymbol{J}$ 为

$$\boldsymbol{J} = \begin{bmatrix} -l_1 s_1 - l_2 s_{12} & -l_2 s_{12} \\ l_1 c_1 + l_2 c_{12} & l_2 c_{12} \end{bmatrix}$$

其中，$\boldsymbol{J}$ 称为 2R 机器人速度雅可比，它反映了关节空间微小运动 $d\theta$ 与手部作业空间微小位移 $d\boldsymbol{X}$ 的关系。

综上可得出如下结论：

①对于 n 自由度机器人的情况，关节变量可用广义关节变量 q 表示，$q = [q_1, q_2, \cdots, q_n]^T$。

②当关节为转动关节时，$q_i=\theta_i$，当关节为移动关节时，$q_i=d_i$，$d_q=[d_{q_1},d_{q_2},\cdots,d_{q_n}]^T$反映了关节空间的微小运动。

③机器人末端在操作空间的位置和方位可用末端手爪的位姿 X 表示，它是关节变量的函数，$X=X(q)$，它是一个 6 维列矢量 $X=[x,y,z,\varphi_x,\varphi_y,\varphi_z]^T$。

④$dX=[d_x,d_y,d_z,d_{\varphi x},d_{\varphi y},d_{\varphi z}]^T$反映了操作空间的微小运动，它由机器人末端微小线位移(d_x,d_y,d_z)和微小转动$(d_{\varphi x},d_{\varphi y},d_{\varphi z})$组成。

（3）动力学分析

常见的机器人动力学分析方法包括建立拉格朗日方程和牛顿欧拉法。本节介绍如何建立拉格朗日方程。拉格朗日函数 L 的定义是一个机械系统的动能 E_k 和势能 E_p 之差，即

$$L=E_k-E_p$$

令 $q_i(i=1,2,\cdots,n)$ 是使系统具有完全确定位置的广义关节变量，$\dot{q}_i$ 是相应的广义关节速度。系统的拉格朗日方程为

$$F_i=\frac{\mathrm{d}}{\mathrm{d}t}\frac{\partial L}{\partial \dot{q}_i}-\frac{\partial L}{\partial \dot{q}_i}$$

其中，F_i 称为关节广义驱动力。如果是移动关节，则 F_i 为驱动力；如果是转动关节，则 F_i 为驱动力矩。

用拉格朗日法建立机器人动力学方程的步骤如下：

①选取坐标系，选定完全而且独立的广义关节变量 $q_i(i=1,2,\cdots,n)$。

②选定相应的关节上的广义力 F_i，当 q_i 是位移变量时，则 F_i 为力；当 q_i 是角度变量时，则 F_i 为力矩。

③求出机器人各构件的动能和势能，构造拉格朗日函数。

④代入拉格朗日方程求得机器人系统的动力学方程。

下面以建立二自由度平面关节机器人动力学方程为例，介绍拉格朗日法建立机器人动力学方程的过程。

①广义关节变量及广义力的选定

如图 3-19 所示，可知杆 1 的质心 k_1 的位置坐标为

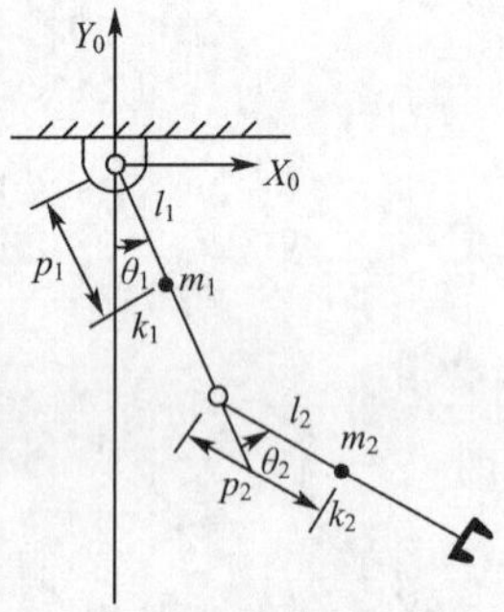

$$x_1=p_1 s_1$$
$$y_1=-p_1 c_1$$

图 3-19　杆件质心的位置关系

杆 1 的质心 k_1 的速度平方为

$$\dot{x}_1^2+\dot{y}_1^2=(p_1\dot{\theta}_1)^2$$

杆 2 的质心 k_2 的位置坐标为

$$x_2=l_1 s_1+p_2 s_{12}$$
$$y_2=-l_1 c_1-p_2 c_{12}$$

杆 2 的质心 k_2 的速度平方为

$$\dot{x}_2=l_1 c_1\dot{\theta}_1+p_2 c_{12}(\dot{\theta}_1+\dot{\theta}_2)$$
$$\dot{y}_2=l_1 s_1\dot{\theta}_1+p_2 s_{12}(\dot{\theta}_1+\dot{\theta}_2)$$
$$\dot{x}_2^2+\dot{y}_2^2=l_1^2\dot{\theta}_1^2+p_2^2(\dot{\theta}_1+\dot{\theta}_2)^2+2l_1 p_2(\dot{\theta}_1^2+\dot{\theta}_1\dot{\theta}_2)c_2$$

②系统动能

$$E_k = \sum E_{ki}, \quad i=1,2$$

$$E_{k1} = \frac{1}{2} m_1 p_1^2 \dot{\theta}_1^2$$

$$E_{k2} = \frac{1}{2} m_2 l_1^2 \dot{\theta}_1^2 + \frac{1}{2} m_2 p_2^2 (\dot{\theta}_1+\dot{\theta}_2)^2 + m_2 l_1 p_2 (\dot{\theta}_1^2+\dot{\theta}_1\dot{\theta}_2) c_2$$

③系统势能

$$E_p = \sum E_{pi}, \quad i=1,2$$

$$E_{p1} = m_1 g p_1 (1-c_1)$$

$$E_{p2} = m_2 g l_1 (1-c_1) + m_2 g p_2 (1-c_{12})$$

④拉格朗日函数

$$L = E_k - E_p$$
$$= \frac{1}{2}(m_1 p_1^2 + m_2 l_1^2)\dot{\theta}_1^2 + m_2 l_1 p_2 (\dot{\theta}_1^2+\dot{\theta}_1\dot{\theta}_2) c_2 + \frac{1}{2} m_2 p_2^2 (\dot{\theta}_1+\dot{\theta}_2)^2 -$$
$$(m_1 p_1 + m_2 l_1) g (1-c_1) - m_2 g p_2 (1-c_{12})$$

⑤系统动力学方程

根据拉格朗日方程得

$$F_i = \frac{\mathrm{d}}{\mathrm{d}t}\frac{\partial L}{\partial \dot{q}_i} - \frac{\partial L}{\partial q_i}, \quad i=1,2,\cdots,n$$

关节 1 上的力矩 τ_1 计算为

$$\frac{\partial L}{\partial \dot{\theta}_1} = (m_1 p_1^2 + m_2 l_1^2)\dot{\theta}_1 + m_2 l_1 p_2 (2\dot{\theta}_1+\dot{\theta}_2) c_2 + m_2 p_2^2 (\dot{\theta}_1+\dot{\theta}_2)$$

$$\frac{\partial L}{\partial \theta_1} = -(m_1 p_1 + m_2 l_1) g s_1 - m_2 g p_2 s_{12}$$

$$\tau_1 = \frac{\mathrm{d}}{\mathrm{d}t}\frac{\partial L}{\partial \dot{\theta}_1} - \frac{\partial L}{\partial \theta_1}$$
$$= (m_1 p_1^2 + m_2 p_2^2 + m_2 l_1^2 + 2 m_2 l_1 p_2 c_2)\ddot{\theta}_1 + (m_2 p_2^2 + m_2 l_1 p_2 c_2)\ddot{\theta}_2 +$$
$$(-2 m_2 l_1 p_2 s_2)\dot{\theta}_1\dot{\theta}_2 + (-m_2 l_1 p_2 s_2)\dot{\theta}_2^2 + (m_1 p_1 + m_2 l_1) g s_1 +$$
$$m_2 p_2 g s_{12}$$

$$\tau_1 = D_{11}\ddot{\theta}_1 + D_{12}\ddot{\theta}_2 + D_{112}\dot{\theta}_1\dot{\theta}_2 + D_{122}\dot{\theta}_2^2 + D_1$$

式中

$$\begin{cases} D_{11} = m_1 p_1^2 + m_2 p_2^2 + m_2 l_1^2 + 2 m_2 l_1 p_2 c_2 \\ D_{12} = m_2 p_2^2 + m_2 l_1 p_2 c_2 \\ D_{112} = -2 m_2 l_1 p_2 s_2 \\ D_{122} = -m_2 l_1 p_2 s_2 \\ D_1 = (m_1 p_1 + m_2 l_1) g s_1 + m_2 p_2 g s_{12} \end{cases}$$

关节 2 上的力矩 τ_2 计算为

$$\frac{\partial L}{\partial \dot{\theta}_2} = m_2 p_2^2 (\dot{\theta}_1+\dot{\theta}_2) + m_2 l_1 p_2 \dot{\theta}_1 c_2$$

$$\frac{\partial L}{\partial \theta_2} = -m_2 l_1 p_2 (\dot{\theta}_1^2 + \dot{\theta}_1 \dot{\theta}_2) s_2 - m_2 g p_2 s_{12}$$

$$\tau_2 = \frac{\mathrm{d}}{\mathrm{d}t} \frac{\partial L}{\partial \dot{\theta}_2} - \frac{\partial L}{\partial \theta_2} = (m_2 p_2^2 + m_2 l_1 p_2 c_2) \ddot{\theta}_1 + m_2 p_2^2 \ddot{\theta}_2 + (-m_2 l_1 p_2 s_2 + m_2 l_1 p_2 s_2) \dot{\theta}_1 \dot{\theta}_2 +$$

$$(m_2 l_1 p_2 s_2) \dot{\theta}_1^2 + m_2 g p_2 s_{12}$$

$$\tau_2 = D_{21} \ddot{\theta}_1 + D_{22} \ddot{\theta}_2 + D_{212} \dot{\theta}_1 \dot{\theta}_2 + D_{211} \dot{\theta}_1^2 + D_2$$

式中

$$\begin{cases} D_{21} = m_2 p_2^2 + m_2 l_1 p_2 c_2 \\ D_{22} = m_2 p_2^2 \\ D_{212} = -m_2 l_1 p_2 s_2 + m_2 l_1 p_2 s_2 = 0 \\ D_{211} = m_2 l_1 p_2 s_2 \\ D_2 = m_2 g p_2 s_{12} \end{cases}$$

将二杆机构写成矩阵形式,有

$$\begin{bmatrix} T_1 \\ T_2 \end{bmatrix} = \begin{bmatrix} D_{11} & D_{12} \\ D_{21} & D_{22} \end{bmatrix} \begin{bmatrix} \ddot{\theta}_1 \\ \ddot{\theta}_2 \end{bmatrix} + \begin{bmatrix} D_{111} & D_{122} \\ D_{211} & D_{222} \end{bmatrix} \begin{bmatrix} \dot{\theta}_1^2 \\ \dot{\theta}_2^2 \end{bmatrix} + \begin{bmatrix} D_{112} & D_{121} \\ D_{212} & D_{221} \end{bmatrix} \begin{bmatrix} \dot{\theta}_1 \dot{\theta}_2 \\ \dot{\theta}_2 \dot{\theta}_1 \end{bmatrix} + \begin{bmatrix} D_1 \\ D_2 \end{bmatrix}$$

惯性力 　　　　　　 向心力 　　　　　　　 哥式力 　　　　　　 重力

3.4 机器人轨迹规划

本节在操作臂运动学和动力学的基础上,讨论在关节空间和笛卡尔空间中机器人运动的轨迹规划和轨迹生成方法。所谓轨迹,是指操作臂在运动过程中的位移、速度和加速度。而轨迹规划是根据作业任务的要求,计算出预期的运动轨迹。首先对机器人的任务,运动路径和轨迹进行描述,轨迹规划器可使编程手续简化,只要求用户输入有关路径和轨迹的若干约束和简单描述,而复杂的细节问题则由规划器解决。例如,用户只需要给出手部的目标位姿,让规划器确定到达该目标的路径点、持续时间、运动速度等轨迹参数。然后,在计算机内部描述所要求的轨迹,即选择习惯规定及合理的软件数据结构。最后,根据对内部描述的轨迹,实时计算机器人运动的位移、速度和加速度,生成运动轨迹。

3.4.1 机器人轨迹规划概述

(1)机器人轨迹的概念

机器人轨迹泛指工业机器人在运动过程中的运动轨迹,即运动点的位移、速度和加速度。

机器人在作业空间要完成给定的任务,其手部运动必须按一定的轨迹(Trajectory)进行。轨迹的生成一般是先给定轨迹上的若干个点,将其经运动学反解映射到关节空间,对关节空间中的相应点建立运动方程,然后按这些运动方程对关节进行插值,从而实现作业空间的运动要求,这一过程通常称为轨迹规划。工业机器人轨迹规划属于机器人低层规划,基本上不涉及人工智能的问题,本章仅讨论在关节空间或笛卡尔空间中工业机器人运动的轨迹规划和轨迹生成方法。

机器人运动轨迹的描述一般是对其手部位姿的描述,此位姿值可与关节变量相互转换。控制轨迹也就是按时间来控制手部或工具中心走过的空间路径。

(2)轨迹规划的一般性问题

通常将操作臂的运动看作是工具坐标系$\{T\}$相对于工件坐标系$\{S\}$的一系列运动。这种描述方法既适用于各种操作臂,也适用于同一操作臂上装夹的各种工具。对于移动工作台(例如传送带),这种方法同样适用。这时,工件坐标系$\{S\}$的位姿随时间而变化。

例如,如图 3-20 所示将销插入工件孔中的作业可以借助工具坐标系的一系列位姿P_i($i=1,2,\cdots,n$)来描述。这种描述方法不仅符合机器人用户考虑问题的思路,而且有利于描述和生成机器人的运动轨迹。

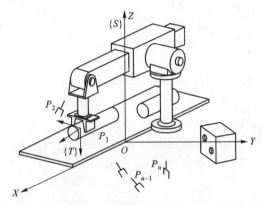

图 3-20　机器人将销插入工件孔中的作业描述

用工具坐标系相对于工件坐标系的运动来描述作业路径是一种通用的作业描述方法。它把作业路径的描述与具体的机器人、手爪或工具分离开来,形成了模型化的作业描述方法,从而使这种描述既适用于不同的机器人,也适用于在同一机器人上装夹不同规格的工具。在轨迹规划中,为叙述方便,也常用点来表示机器人的状态,或用它来表示工具坐标系的位姿,例如起始点、终止点就分别表示工具坐标系的起始位姿及终止位姿。

对点位作业(Pick and Place Operation)的机器人(如用于上、下料),需要描述它的起始状态和目标状态,即工具坐标系的起始值$\{T_0\}$和目标值$\{T_f\}$。在此,用"点"这个词表示工具坐标系的位置和姿态(简称位姿),例如起始点和目标点等。

对于另外一些作业,如弧焊和曲面加工等,不仅要规定操作臂的起始点和终止点,而且要指明两点之间的若干中间点(称路径点),必须沿特定的路径运动(路径约束)。这类方法称为连续路径运动(Continuous—Path Motion)或轮廓运动(Contour Motion),而前者称为点到点运动(PTP=Point—To—Point Motion)。

在规划机器人的运动时,还需要弄清楚在其路径上是否存在障碍物(障碍约束)。路径约束和障碍约束的组合将机器人的规划与控制方式划分为四类,见表 3-4。

表 3-4　　　　　　　　　　　　　　机器人的规划与控制方式

方式		障碍约束	
		有	无
路径约束	有	离线无碰撞路径规则+在线路径跟踪	离线路径规划+在线路径跟踪
	无	位置控制+在线障碍探测和避障	位置控制

（3）轨迹的生成方式

运动轨迹的描述或生成有以下几种方式：

①示教再现运动。这种运动由人手把手示教机器人，定时记录各关节变量，得到沿路径运动时各关节的位移时间函数 $q(t)$；再现时，按内存中记录的各点的值产生序列动作。

②关节空间运动。这种运动直接在关节空间里进行。由于动力学参数及其极限值可直接在关节空间里描述，因此用这种方式求最短时间运动是很方便的。

③空间直线运动。这是一种直角空间里的运动，它便于描述空间操作，计算量小，适宜简单的作业。

④空间曲线运动。这是一种在描述空间中用明确的函数表达的运动，如圆周运动、螺旋运动等。

（4）轨迹规划涉及的主要问题

为了描述一个完整的作业，往往需要将上述运动进行组合。通常这种规划涉及以下几方面的问题：

①对工作对象及作业进行描述，用示教方法给出轨迹上的若干个结点（knot）。

②用一条轨迹通过或逼近结点，此轨迹可按一定的原则优化，如加速度逼近得到直角空间的位移时间函数 $X(t)$ 或关节空间的位移时间函数 $q(t)$；在结点之间如何进行插补，即根据轨迹表达式在每一个采样周期实时计算轨迹上点的位姿和各关节变量值。

以上生成的轨迹是机器人位置控制的给定值，可以据此并根据机器人的动态参数设计一定的控制规律。

规划机器人的运动轨迹时，还需要明确其路径上是否存在障碍约束的组合。

3.4.2 机器人轨迹插值计算

给出各个路径结点后，轨迹规划的任务包含解变换方程，进行运动学反解和插值计算。在关节空间进行规划时，需要进行的大量工作是对关节变量的插值计算。

（1）直线插补

直线插补和圆弧插补是机器人系统中的基本插补算法。对于非直线和圆弧轨迹，可以采用直线或圆弧逼近，以实现这些轨迹。

空间直线插补是在已知该直线始末两点的位置和姿态的条件下，求各轨迹中间点（插补点）的位置和姿态。由于在大多数情况下，机器人沿直线运动时其姿态不变，所以无姿态插补，即保持第一个示教点时的姿态。当然在有些情况下要求变化姿态，这就需要姿态插补，可仿照下面介绍的位置插补原理处理，也可参照圆弧的姿态插补方法解决。如图 3-21 所示，已知直线始末两点的坐标值 $P_0(X_0, Y_0, Z_0)$、$P_e(X_e, Y_e, Z_e)$ 及姿态，其中 P_0、P_e 是相对于基础坐标系的位置。这些已知的位置和姿态通常是通过示教方式得到的。设 v 为要求的沿直线运动的速度；t_s 为插补时间间隔。

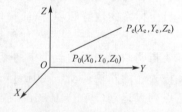

图 3-21　空间直线插补

为减少实时计算量，示教完成后，可求出直线长度，即

$$L = \sqrt{(X_e - X_0)^2 + (Y_e - Y_0)^2 + (Z_e - Z_0)^2}$$

t_s 间隔内行程 $d = v t_s$。

插补总步数 N 为 $L/d+1$ 的整数部分,各轴增量为

$$\Delta X = (X_e - X_0)/N$$
$$\Delta Y = (Y_e - Y_0)/N$$
$$\Delta Z = (Z_e - Z_0)/N$$

各插补点坐标值为

$$X_{i+1} = X_i + i\Delta X$$
$$Y_{i+1} = Y_i + i\Delta Y$$
$$Z_{i+1} = Z_i + i\Delta Z$$

式中:$i = 0,1,2,\cdots,N$。

(2)圆弧插补

①平面圆弧插补

平面圆弧是指圆弧平面与基础坐标系的三大平面之一重合,以 XOY 平面圆弧为例。已知不在一条直线上的三点 P_1、P_2、P_3 及这三点对应的机器人手端的姿态,如图 3-22 及图 3-23 所示。

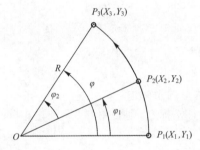
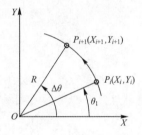

图 3-22　由已知的三点 P_1、P_2、P_3 决定的圆弧　　　　图 3-23　圆弧插补

②空间圆弧插补

空间圆弧是指三维空间任一平面内的圆弧,此为空间一般平面的圆弧问题。

空间圆弧插补可分三步来处理:

a.把三维问题转化成二维,找出圆弧所在平面。

b.利用二维平面插补算法求出插补点坐标 (X_{i+1},Y_{i+1})。

c.把该点的坐标值转变为基础坐标系下的值,如图 3-24 所示。

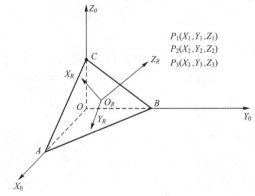

图 3-24　基础坐标与空间圆弧平面的关系

通过不在同一直线上的三点 P_1、P_2、P_3 可确定一个圆及三点间的圆弧,其圆心为 O_R,半径为 R,圆弧所在平面与基础坐标系平面的交线分别为 AB、BC、CA。

建立圆弧平面插补坐标系,即把 $O_{RX_RY_RZ_R}$ 坐标系原点与圆心 O_R 重合,设 $O_{RX_RY_R}$ 平面为圆弧所在平面,且保持 Z_R 为外法线方向。这样,一个三维问题就转化成平面问题,可以应用平面圆弧插补的结论。

求解两坐标系(图 3-24)的转换矩阵。令 $\boldsymbol{T}_R$ 表示由圆弧坐标系 $O_{RX_RY_RZ_R}$ 至基础坐标系 $O_{X_0Y_0Z_0}$ 的转换矩阵。

若 Z_R 轴与基础坐标系 Z_0 轴的夹角为 φ,X_R 轴与基础坐标系的夹角为 θ,则可完成下述步骤:

①将 $O_{RX_RY_RZ_R}$ 的原点 O_R 放到基础原点 O 上。

②绕 Z_R 轴旋转 θ,使 X_0 与 X_R 平行。

③再绕 X_R 轴旋转 φ,使 Z_0 与 Z_R 平行。

这三步完成了 $X_RY_RZ_R$ 向 $X_0Y_0Z_0$ 的转换,故总转换矩阵应为

$$\boldsymbol{T}_R = \boldsymbol{T}(X_{O_R}, Y_{O_R}, Z_{O_R})\boldsymbol{R}(Z, \theta)\boldsymbol{R}(X, \alpha)$$

$$= \begin{bmatrix} \cos\theta & -\sin\theta\cos\theta & \sin\theta\cos\theta & X_{O_R} \\ \sin\theta & \cos\theta\cos\alpha & -\cos\theta\sin\alpha & Y_{O_R} \\ 0 & \sin\alpha & \cos\alpha & Z_{O_R} \\ 0 & 0 & 0 & 1 \end{bmatrix}$$

式中:X_{O_R}、Y_{O_R}、Z_{O_R} 为圆心 O_R 在基础坐标系下的坐标值。

欲将基础坐标系的坐标值表示在 $O_{RX_RY_RZ_R}$ 坐标系,则要用到 $\boldsymbol{T}_R$ 的逆矩阵

$$\boldsymbol{T}_R^{-1} = \begin{bmatrix} \cos\theta & \sin\theta & 0 & -(X_{O_R}\cos\theta + Y_{O_R}\sin\theta) \\ -\sin\theta\cos\theta & \cos\theta\cos\alpha & \sin\alpha & -(X_{O_R}\sin\theta\cos\alpha + Y_{O_R}\cos\theta\cos\alpha + Z_{O_R}\sin\alpha) \\ \sin\theta\sin\alpha & -\cos\theta\sin\alpha & \cos\alpha & -(X_{O_R}\sin\theta\sin\alpha + Y_{O_R}\cos\theta\sin\alpha + Z_{O_R}\cos\alpha) \\ 0 & 0 & 0 & 1 \end{bmatrix}$$

(3)定时插补与定距插补

机器人实现一个空间轨迹的过程即是实现轨迹离散的过程,如果这些离散点间隔很大,则机器人运动轨迹与要求轨迹可能有较大误差。只有这些插补得到的离散点彼此距离很近,才有可能使机器人轨迹以足够的精确度逼近要求的轨迹。模拟 CP 控制实际上是多次执行插补点的 PTP 控制,插补点越密集,越能逼近要求的轨迹曲线。

①定时插补

从图 3-26 所示的轨迹控制过程可知,每插补出一个轨迹点的坐标值,就要转换成相应的关节角度值并加到位置伺服系统以实现这个位置,这个过程每隔一个时间间隔 t_s 完成一次。为保证运动的平稳,显然 t_s 不能太长。

由于关节型机器人的机械结构大多属于开链式,刚度不高,t_s 一般不超过 25 ms(40 Hz),这样就产生了 t_s 的上限值。当然,t_s 越小越好,但它的下限值受到计算量限制,即对于机器人的控制,计算机要在 t_s 时间里完成一次插补运算和一次逆向运动学计算。对于目前的大多数机器人控制器来说,完成这样一次计算约需要几毫秒。这样产生了 t_s 的下限值。当然,应当选择 t_s 接近或等于它的下限值,这样可保证较高的轨迹精度和平滑的运动

过程。

以一个 XOY 平面内的直线轨迹为例说明定时插补的方法。

设机器人需要的运动轨迹为直线,运动速度为 $v(\mathrm{mm/s})$,时间间隔为 $t_s(\mathrm{ms})$,则每个 t_s 间隔内机器人应走过的距离为

$$P_iP_{i+1}=vt_s$$

可见两个插补点之间的距离正比于要求的运动速度,两点之间的轨迹不受控制,只有插补点之间的距离足够小,才能满足一定的轨迹精度要求。

机器人控制系统易于实现定时插补,例如采用定时中断方式每隔 t_s 中断一次进行一次插补,计算一次逆向运动学,输出一次给定值。由于 t_s 仅为几毫秒,机器人沿着要求轨迹的运动速度一般不会很高,而且机器人总的运动精度不如数控机床、加工中心高,故大多数工业机器人采用定时插补方式。

当要求以更高的精度实现运动轨迹时,可采用定距插补。

②定距插补

由上述分析可知 v 是要求的运动速度,它不能变化,如果要两插补点的距离 P_iP_{i+1} 恒为一个足够小的值,以保证轨迹精度,t_s 就要变化。也就是在此方式下,插补点距离不变,但 t_s 要随着不同工作速度 v 的变化而变化。

这两种插补方式的基本算法相同,只是前者 t_s 固定,易于实现,后者保证轨迹插补精度,但 t_s 要随之变化,实现起来比前者困难。

(4)关节空间插补

如上所述,路径点(结点)通常用工具坐标系以相对于工件坐标系位姿来表示。为了求得在关节空间形成所要求的轨迹,首先用运动学反解将路径点转换成关节矢量角度值,然后对每个关节拟合一个光滑函数,使之从起始点开始,依次通过所有路径点,最后到达目标点。

对于每一段路径,各个关节运动时间均相同,这样可保证所有关节同时到达路径点和终止点,从而得到工具坐标系应有的位置和姿态。但是,尽管每个关节在同一段路径中的运动时间相同,各个关节函数之间却是相互独立的。

总之,关节空间法是以关节角度的函数来描述机器人的轨迹的,关节空间法不必在直角坐标系中描述两个路径点之间的路径形状,计算简单、容易。再者,由于关节空间与直角坐标空间之间并不是连续的对应关系,因而不会发生机构的奇异性问题。

练习题

1.在选定的直角坐标系 $\{A\}$ 中,空间任一点 P 的位置可用_____的位置矢量 ^AP 表示,其左上标 A 代表选定的参考坐标系 $^AP=\begin{bmatrix} p_x \\ p_y \\ p_z \end{bmatrix}$,$P_x$、$P_y$、$P_z$ 是点 P 在坐标系 $\{A\}$ 中的三个位置坐标分量。

2.齐次坐标的表示不是_____的,将其各元素同乘一非零因子后,仍然代表同一点。

3.斯坦福机器人的手臂有_____转动关节,且两个转动关节的轴线相交于一点,一个移动关节,共三个自由度。

4.在 θ 和 d 给出后,可以计算出斯坦福机器人手部坐标系 $\{6\}$ 的_____和姿态 $\boldsymbol{n}$、$\boldsymbol{o}$、

a,这就是斯坦福机器人手部位姿的解,这个求解过程叫作斯坦福机器人运动学正解。

5.若给定了刚体上_____和该刚体在空间的姿态,则这个刚体在空间上是完全确定的。

6.机器人运动学逆解问题的求解主要存在三个问题:逆解可能不存在、_____和求解方法的多样性。

7.机器人逆运动学求解有多种方法,一般分为两类:封闭解和_____。

8.在工业机器人速度分析和以后的静力学分析中都将遇到类似的雅可比矩阵,我们称之为工业机器人雅可比矩阵,或简称雅可比,一般用符号_____表示。

9.J 反映了关节空间微小运动 $d\theta$ 与_____之间的关系,且 dX 此时表示微小线位移。

10.对于 n 个自由度的工业机器人,其关节变量可以用广义关节变量 q 表示;当关节为转动关节时,$q_i = d_i$,当关节为移动关节时,$q_i = d_i$,$dq = [dq_1, dq_2, \cdots, dq_n]^{\mathrm{T}}$,反映了关节空间的_____。

11.现有一位姿如下的坐标系{B},相对固定坐标系移动 $d = (3,2,6)^{\mathrm{T}}$ 的距离,求该坐标系相对固定坐标系的新位姿。

$$B = \begin{pmatrix} 0 & -1 & 0 & 2 \\ 1 & 0 & 0 & 4 \\ 0 & 0 & 1 & 6 \\ 0 & 0 & 0 & 1 \end{pmatrix}$$

12.具有转动关节的三连杆平面机械手如图 3-25 所示,关节变量为 θ_1、θ_2、θ_3,试规定各连杆的坐标系,列出 D-H 参数表并列出运动学方程,求逆解。

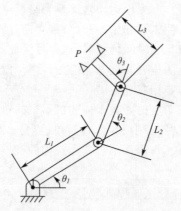

图 3-25　题 12 图

第 4 章

机器人传感系统

　　机器人传感系统担任着机器人神经系统的角色,将机器人各种内部状态信息和环境信息从信号转变为机器人自身或者机器人之间能够理解和应用的数据、信息甚至知识,它与机器人控制系统和决策系统共同组成机器人的核心。机器人根据布置在机身上的不同传感器元件对内部状态和周围环境状态进行瞬间测量,将结果通过接口送入单片机进行分析处理,控制系统和决策则通过分析结果按预先编写的程序对执行元件下达相应的动作命令。

　　机器人传感系统通常由多种传感器或视觉系统组成。构成机器人感知和控制的传感器种类繁多,具体包括视觉、听觉、触觉、力觉、距离觉、平衡觉、接近觉等。

　　视觉传感器是机器人的眼睛,比如机器人摄像机、电子显微镜、红外夜视仪和雷达等,视觉传感器有的通过接收可见光变为电信息,有的通过接收红外光变为电信息,有的本身就是通过电磁波形成图像,机器人的视觉传感系统要求可靠性高、分辨力强、维护安装简便;听觉传感系统是一些高灵敏度的电声变换器,能将各种声音信号变成电信号,然后进行处理送入控制系统;触觉传感系统即机器人手臂或末端执行器上装有的各类压敏、热敏、光敏元器件,作为视觉的补充,触觉能感知目标物体的表面性能和物理特性,包括柔软性硬度、粗糙度和导热性等;嗅觉传感系统用于检测空气中的化学成分、浓度等,主要采用气体传感器(气体成分分析仪)及射线传感器等;机器人接近觉传感器可以使机器人在移动或操作过程中获取目标(障碍)物的接近程度,移动机器人可以实现避障,操作机器人可避免末端执行器对目标物由于接近速度过快造成的冲击。

　　要使机器人拥有智能,对环境变化做出反应,首先,必须使机器人具有感知环境的能力,用传感器采集信息是机器人智能化的第一步;其次,如何采取适当的方法,将多个传感器获取的环境信息加以综合处理,控制机器人进行智能作业,则是提高机器人智能程度的重要体现。因此,传感器及其信息处理系统,是构成机器人智能的重要部分,它为机器人智能作业提供决策依据。本章将介绍机器人常用的各种传感器,为在机器人上灵活运用各种传感器打下基础。

4.1 机器人传感器概述

4.1.1 传感器的定义

传感器是一种以一定精度测量出物体的物理、化学变化(如位移、力、加速度、温度等),并将这些变化变换成与之有确定对应关系的、易于精确处理和测量的某种电信号(如电压、电流和频率)的检测部件或装置,通常由敏感元件、转换元件、转换电路和辅助电源四部分组成,如图 4-1 所示。

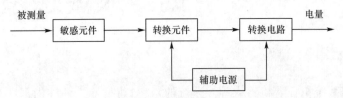

图 4-1 传感器的组成

常见的调节信号与转换电路有放大器、电桥、振荡器、电荷放大器等,它们分别与相应的传感器配合。应用传感器进行定位和控制,能够克服机械定位的弊端。在机器人中使用传感器不但是必要的,而且是十分有效的,它对自动加工以至整个自动化生产具有十分重要的意义。

制造传感器所用的材料有金属、半导体、绝缘体、磁性材料、强电介质和超导体等。其中半导体材料应用最为广泛,这是由于传感器必须敏感地反映外界条件的变化,而半导体材料能够最大限度满足这一要求。

4.1.2 传感器的感知策略

机器人感知是把相关特性或相关物体特性转换为执行某一机器人功能所需要的信息。这些物体特征主要有几何特征、机械特征、光学特征、声音特征、材料特征、电气特征、磁性特征、放射性特征和化学特征等。这些特征信息形成符号以表示系统,进而构成与给定工作任务有关的内容。机器人的感觉顺序需要分两步进行,如图 4-2 所示。

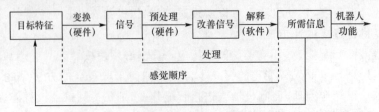

图 4-2 机器人的感觉顺序与系统结构

图 4-2 中的变换为相关目标特性通过硬件转换为信号。处理为把所获信号变换为规划

及执行某个机器人功能所需要的信息,包括预处理和解释两个步骤。在预处理阶段,一般通过硬件来改善信号;在解释阶段,一般通过软件对改善的信号进行分析,并提取所需要的信息。例如视觉传感器把物体的表面反射变换为一组数字化电压值的二维数组,这些电压值是与电视摄像机接收的光强成正比的。预处理器(滤波器)用来降低信号噪声,解释器(计算机程序)用于分析预处理数据,并确定该物体的同一性、位置和完整性。

图 4-2 中的反馈环节表明,如果所获得的信息不适用,那么这种信息可被反馈以修正和重复该感觉顺序,直至得到所需要的信息为止。

4.1.3 机器人传感器的分类

机器人传感器有多种分类方法,如接触式传感器或非接触式传感器、内部信息传感器或外部传感器、无源传感器或有源传感器、无扰传感器或扰动传感器等。传感器类型见表 4-1。

表 4-1   传感器类型

信号		传感器
强度	点	光电池、光倍增管、一维阵列、二维阵列
	面	二维阵列或其等效(低维数列扫描)
距离	点	发射器(激光、平面光)/接收器(光倍增管、一维阵列、二维阵列、两个一维或二维阵列、声波扫描)
	面	发射器(激光、平面光)/接收器(光倍增管、二维阵列),二维阵列或其等效
声感	点	声音传感器
	面	声音传感器的二维阵列或其等效
力	点	力传感器
触觉	点	微型开关、触觉传感器的二维阵列或其等效
	面	触觉传感器的二维阵列或其等效
温度	点	热电偶、红外线传感器
	面	红外线传感器的二维阵列或其等效

非接触式传感器以某种电磁射线(可见光、X 射线、红外线、雷达波和电磁射线等)、声波、超声波的形式来测量目标的响应。接触式传感器则以某种实际接触(如触碰、力或力矩、压力、位置、温度、磁量、电量等)形式来测量目标的响应。最普通的触觉传感器就是一个简单的开关,当它接触零部件时,开关闭合。

内部信息传感器以机器人本身的坐标轴来确定其位置,安装在机器人自身中,用来感知机器人自身的状态,采集机器人本体、关节和手爪的位移、速度、加速度等内部的信息,以调整和控制机器人的行动。内部传感器通常由位置、加速度、速度及压力传感器等组成。

外部传感器用于机器人从周围环境、目标物的状态特征获取信息,使机器人和环境发生交互作用,采集机器人和外部环境以及工作对象之间相互作用的信息,从而使机器人对环境有自校正和自适应能力。

4.1.4 机器人传感器的性能指标

(1)灵敏度

灵敏度是指传感器的输出信号达到稳定时,输出信号变化与输入信号变化的比值。假如传感器的输出和输入呈线性关系,其灵敏度可表示为

$$s = \frac{\Delta y}{\Delta x}$$

式中:s 为传感器的灵敏度;Δy 为传感器输出信号的增量;Δx 为传感器输入信号的增量。

假如传感器的输出与输入呈非线性关系,其灵敏度就是该曲线的导数。传感器输出量的量纲和输入量的量纲不一定相同。若输出和输入具有相同的量纲,则传感器的灵敏度也称为放大倍数。通常来说传感器的灵敏度越大越好,这样可以使传感器的输出信号精确度更高、线性程度更强。但是过高的灵敏度有时会导致传感器的输出稳定性下降,所以应根据机器人的具体要求选择适中的传感器灵敏度。

(2)线性度

线性度反映传感器输出信号与输入信号之间的线性程度。假设传感器的输出信号为 y,输入信号为 x,则输出信号与输入信号之间的线性关系可表示为

$$y = kx$$

如果 k 为常数,或者近似为常数,则传感器的线性度较高;如果 k 是一个变化较大的量,则传感器的线性度较低。机器人控制系统应该选用线性度较高的传感器。但是仅在少数情况下,传感器的输出和输入才呈线性关系。在大多数情况下 k 为 x 的函数,即

$$k = f(x) = a_0 + a_1 x_1 + a_2 x_2 + \ldots + a_n x_n$$

如果传感器的输入量变化不太大,且 a_0、a_1、$\cdots$、a_n 都远小于 a_0,那么可以取 $k = a_0$,近似地把传感器的输出和输入看成线性关系。常用的线性化方法有割线法、最小二乘法、最小误差法等。

(3)测量范围

测量范围是指被测量的最大允许值和最小允许值之差。一般要求传感器的测量范围必须覆盖机器人的工作范围,如果达不到这一范围,则可引入转换装置以增大传感器的测量范围,但需要注意的是可能会导致测量误差变大。

(4)精度

精度是指传感器的测量输出值与实际被测量值之间的误差。在机器人系统设计中,应该根据系统的工作精度要求选择合适的传感器精度。应该注意传感器精度的使用条件和测量方法,使用条件应包括机器人所有可能的工作条件,如不同的温度、湿度、运动速度、加速度以及在可能范围内的各种负载作用等。用于检测传感器精度的测量仪器必须具有比传感器高一级的精度,进行精度测试时也需要考虑最坏的工作条件。

(5)重复性

重复性是指在相同测量条件下,对同一被测量进行连续多次测量所得结果之间的一致性。若一致性好,传感器的测量误差就越小,重复性越好。对于多数传感器来说,重复性指标都优于精度指标,这些传感器的精度不一定很高,但只要温度、湿度、受力条件和其他参数不变,传感器的测量结果也不会有较大变化,同样对于传感器的重复性也应考虑使用条件和测试方法。对于示教再现型机器人来说,传感器的重复性至关重要,它直接关系机器人能否准确再现示教轨迹。

（6）分辨率

分辨率是指传感器在整个测量范围内所能识别的被测量的最小变化量，或者所能辨别的不同被测量的个数。如果它辨别的被测量最小变化量越小，或者被测量个数越多，则分辨率越高；反之，则分辨率越低。无论是示教再现型机器人，还是可编程型机器人，都对传感器的分辨率有一定的要求。传感器的分辨率直接影响机器人的可控程度和控制品质。一般需要根据机器人的工作任务规定传感器分辨率的最低限度要求。

（7）响应时间

响应时间是传感器的动态性能指标，是指传感器的输入信号变化后，其输出信号随之变化并达到一个稳定值所需要的时间。在某些传感器中，输出信号在达到某一稳定值以前会发生短时间的振荡。传感器输出信号的振荡对于机器人控制系统来说非常不利，它有时可能会造成一个虚设位置，影响机器人的控制精度和工作精度，所以传感器的响应时间越短越好。响应时间的计算应当以输入信号起始变化的时刻为始点，以输出信号达到稳定值的时刻为终点。实际上，还需要规定一个稳定值范围，只要输出信号的变化不再超出此范围，即可认为它已经达到了稳定值。

（8）抗干扰能力

机器人的工作环境是多种多样的，在有些情况下工作环境可能相当恶劣，因此对于机器人用传感器，必须考虑其抗干扰能力。由于传感器输出信号的稳定是控制系统稳定工作的前提，为防止机器人系统的意外动作或发生故障，设计传感器系统时必须采用可靠性设计技术。通常抗干扰能力是通过单位时间内发生故障的概率来定义的，因此它是一个统计指标。

在选择工业机器人传感器时，需要根据实际工况、检测精度、控制精度等具体的要求来确定所用传感器的各项性能指标，同时还需要考虑机器人工作的一些特殊要求，比如重复性、稳定性、可靠性、抗干扰性等，最终选择出最合适的传感器。

4.2　机器人内部传感器

机器人内部信息传感器以自身的坐标系统确定其位置。内部传感器一般安装在机器人的机械手上，而不是安装在周围环境中。机器人内部传感器包括位移和位置传感器、速度与加速度传感器、力觉传感器和应力传感器等。

4.2.1　位移和位置传感器

工业机器人关节的位置控制是机器人最基本的控制要求，而对位置和位移的检测也是机器人最基本的感觉要求。位置和位移传感器根据其工作原理和组成的不同有多种形式。位移传感器种类繁多，下面将介绍一些常用的位移传感器。图 4-3 列出了现有的各种位移传感器。位移传感器要检测的位移可为直线移动，也可为角转动。

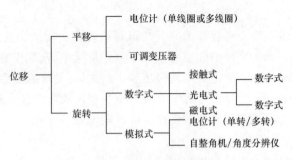

图 4-3 位移传感器的类型

1.电位器式位移传感器

电位器式位移传感器由一个绕线电阻(或薄膜电阻)和一个滑动触点组成。滑动触点通过机械装置受被检测量的控制,当被检测量的位置发生变化时,滑动触点也发生位移,从而改变滑动触点与电位器各端之间的电阻值和输出电压值。传感器根据这种输出电压值的变化,可以检测出机器人各关节的位置和位移量。

按照传感器的结构,电位器式位移传感器可分为两大类:一类是直线型电位器式位移传感器;另一类是旋转型电位器式位移传感器。

电位器式位移传感器具有性能稳定、结构简单、使用方便、尺寸小、质量轻等优点,且其输入/输出特性可以是线性的。这种传感器不会因为失电而丢失其已感知的信息,当电源因故断开时,电位器的触点将保持原来的位置不变,只要重新接通电源,原有的位置信号就会重新出现。电位器式位移传感器的一个主要缺点是容易磨损,当滑动触点和电位器之间的接触面有磨损或有尘埃附着时会产生噪声,使电位器的可靠性和使用寿命受到一定的影响。

(1)直线型电位器式位移传感器

图 4-4 和图 4-5 为直线型电位器式位移传感器的工作原理及实物。直线型电位器式位移传感器的工作台与传感器的滑动触点相连,当工作台左、右移动时,滑动触点也随之左、右移动,从而改变与电阻接触的位置,通过检测输出电压的变化量,确定以电阻中心为基准位置的移动距离。假如输入电压为 U_{CC},电阻丝长度为 L,触头从中心向左端移动,电阻右侧的输出电压为 U_{OUT},则根据欧姆定律,移动距离为

$$x = \frac{L(2U_{OUT} - U_{CC})}{2U_{CC}}$$

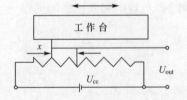

图 4-4 直线型电位器式位移传感器工作原理

图 4-5 直线型电位器式位移传感器实物

（2）旋转型电位器式位移传感器

旋转型电位器式位移传感器的特点是其电阻值可随着回转角的变化而改变,应用时机器人的关节轴与传感器的旋转轴相连,这样根据测量的输出电压 U_{OUT} 的数值,即可计算出关节对应的旋转角度。旋转型电位器式位移传感器的电阻元件呈圆弧状,滑动触点在电阻元件上做圆周运动。但由于滑动触点等的限制,传感器的工作范围只能小于 360°。其工作原理与实物如图 4-6 和图 4-7 所示。

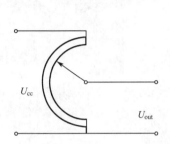

图 4-6　旋转型电位器式位移传感器工作原理　　　图 4-7　旋转型电位器式位移传感器实物

2. 光电编码器

光电编码器是集光、机、电技术于一体的数字化传感器,它利用光电转换原理将旋转信息转换为电信息,并以数字代码输出,可以高精度地测量转角或直线位移。光电编码器具有测量范围大、检测精度高、价格便宜等优点,在数控机床、机器人的位置检测及其他工业领域都得到了广泛的应用。一般把该传感器装在机器人各关节的转轴上,用来测量各关节转轴转过的角度。

根据检测原理,编码器可分为接触式和非接触式两种。接触式编码器采用电刷输出,以电刷接触导电区和绝缘区分别表示代码的 1 和 0 状态;非接触式编码器的敏感元件是光敏元件或磁敏元件,采用光敏元件时以透光区和不透光区表示代码的 1 和 0 状态。根据测量方式不同,编码器可分为直线型(如光栅尺、磁栅尺)和旋转型两种,机器人中较为常用的是旋转型光电式编码器。根据测出的信号不同,编码器可分为绝对式和增量式两种。以下主要介绍绝对式编码器和增量式编码器。

（1）绝对式编码器

绝对式编码器是一种直接编码式的测量元件,其每一个位置绝对唯一、抗干扰、无须掉电记忆,已经越来越广泛地应用于各种工业系统中的角度、长度测量和定位控制。但其结构复杂、价格昂贵,且很难做到高精度和高分辨率。绝对位置的分辨率(分辨角)α 取决于二进制编码的位数,即码道的个数 n。分辨率 α 的计算公式为

$$\alpha = \frac{360°}{2^n}$$

当有 10 个码道时,角度分辨率可达 0.350。目前市场上使用的光电编码器的码盘数为 4～18 道。在应用中通常考虑伺服系统要求的分辨率和机械传动系统的参数,以选择合适的编码器。二进制编码器的主要缺点是码盘上的图案变化较大,在使用中容易产生误读。在实际应用中,可以采用格雷码代替二进制编码。绝对式光电编码器简图及编码盘如图 4-

8 和图 4-9 所示。

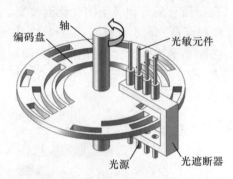

图 4-8　绝对式光电编码器简图

图 4-9　绝对式光电编码器编码盘

（2）增量式编码器

增量式光电编码器能够以数字形式测量出转轴相对于某一基准位置的瞬间角位置，此外还能测出转轴的转速和转向。增量式光电编码器简图如图 4-10 和图 4-11 所示。

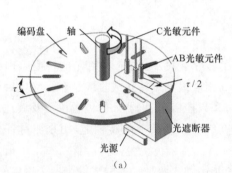

（a）

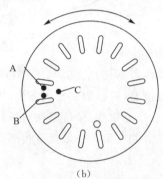

（b）

图 4-10　增量式光电编码器结构　　图 4-11　增量式光电编码器简图

光电编码器的分辨率（分辨角）α 是以编码器轴转动一周所产生的输出信号的基本周期数来表示的，即脉冲数每转（PPR）。码盘旋转一周输出的脉冲信号数目取决于透光缝隙数目的多少，码盘上刻的缝隙越多，编码器的分辨率越高。假设码盘的透光缝隙数目为 n 线，则分辨率 α 的计算公式为

$$\alpha = \frac{360^\circ}{n}$$

在工业应用中，根据不同的应用对象，通常可选择分辨率为 500～6 000 PPR 的增量式光电编码器，最高可达几万 PPR。增量式光电编码器的优点有原理构造简单、易于实现、机械平均寿命长，可达几万小时以上、分辨率高、抗干扰能力较强、信号传输距离较长、可靠性较高；其缺点是它无法直接读出转轴的绝对位置信息。

4.2.2　速度传感器

速度传感器是工业机器人中较重要的的内部传感器之一。由于在机器人中主要需要测量的是机器人关节的运行速度，故本节仅介绍角速度传感器。目前广泛使用的角速度传感器有测速发电机和增量式光电编码器两种。测速发电机是应用最广泛，能直接得到代表转速的电压且具有良好实时性的一种速度测量传感器；增量式光电编码器既可以用来测量增

量角位移,又可以测量瞬时角速度。速度传感器的输出有模拟式和数字式两种。

1.测速发电机

测速发电机是一种用于检测机械转速的电磁装置,它能把机械转速变换为电压信号,其输出电压与输入的转速成正比,其实质是一种微型直流发电机,它的绕组和磁路经精确设计,其结构如图 4-12 所示。直流测速发电机的工作原理是基于法拉第电磁感应定律,当通过线圈的磁通量恒定时,位于磁场中的线圈旋转使线圈两端产生的感应电动势与线圈转子的转速成正比,即

$$U=kn$$

式中:U 为测速发电机的输出电压,V;n 为测速发电机的转速,r/min;k 为比例系数。

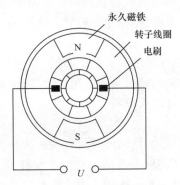

图 4-12　直流测速发电机结构

改变旋转方向时输出电动势的极性即相应改变。在被测机构与测速发电机同轴连接时,只要检测出输出电动势,就能获得被测机构的转速,故又称测速发电机为速度传感器。测速发电机广泛用于各种速度或位置控制系统:在自动控制系统中作为检测速度的元件,以调节电动机转速或通过反馈来提高系统稳定性和精度;在解算装置中可用来微分、积分元件,也可作为加速或延迟信号或测量各种运动机械在摆动、转动以及直线运动时的速度。

2.增量式光电编码器

增量式光电编码器在工业机器人中既可以作为位置传感器测量关节相对位置,又可以作为速度传感器测量关节速度。作为速度传感器时既可以在模拟方式下使用,又可以在数字方式下使用。

(1)模拟方式

在这种方式下,必须有一个频率-电压(F/V)变换器,用来把编码器测得的脉冲频率转换成与速度成正比的模拟电压。F/V 变换器必须有良好的零输入、零输出特性和较小的温度漂移,才能满足测试要求。

(2)数字方式

数字方式测速指基于数学公式,利用计算机软件计算出速度。由于角速度是转角对时间的一阶导数,如果能测得单位时间 Δt 内编码器转过的角度 $\Delta\theta$,则编码器在该时间段内的平均速度为

$$\omega=\frac{\Delta\theta}{\Delta t}$$

4.2.3 力觉传感器

力觉传感器是指工业机器人的指、肢和关节等运动中所受力或力矩的感知。工业机器人在进行装配、搬运、研磨等作业时需要对工作力或力矩进行控制。例如装配时需要完成将轴类零件插入孔里、调准零件的位置、拧紧螺钉等一系列步骤,在拧紧螺钉过程中需要有确定的拧紧力矩;在搬运时机器人手爪对工件需要施加合理的握紧力,握力太小不足以搬动工件,太大则会损坏工件;在研磨时需要有合适的砂轮进给力以保证研磨质量。现介绍几种常用的力觉传感器。

1.金属电阻型力觉传感器

如果将已知应变系数的金属导线或电阻丝固定在物体表面上,那么当物体发生形变时,该电阻丝会相应产生伸缩现象。因此,测定电阻丝的阻值变化,就可知道物体的形变量,进而求出外作用力。

将电阻体做成薄膜型,并贴在绝缘膜上使用,这样可使测量部件小型化,并能大批生产质量相同的产品。这种产品所受的接触力比电阻丝大,因而能测定较大的力或力矩。此外,测量电流所产生的热量比电阻丝方式更易于散发,因此允许较大的测试电流通过。

2.半导体型力觉传感器

在半导体晶体上施加压力,那么晶体的对称性将会发生变化,即导电机理发生变化,从而使电阻值也发生变化,这种作用称为压电效应。半导体的应变系数可达 $100\sim200$,如果适当选择半导体材料,则可获得正的或负的应变系数值。此外,还研制出了一种压阻膜片的应变仪,它不必贴在测定点上即可进行力的测量。同时也可以采用在玻璃、石英和云母片上蒸发半导体的办法制作压敏电子元件,其电阻温度系数比金属电阻型的要大,但其结构比较简单,尺寸小,灵敏度高,因而可靠性很高。

3.其他力觉传感器

除了金属电阻型和半导体型力觉传感器外,还有磁性、压电式和利用弦振动原理制作的力觉传感器等。

当铁和镍等强磁体被磁化时,其长度将发生变化,或产生扭曲现象;反之,强磁体发生应变时,其磁性也将改变,这两种现象都称为磁致伸缩效应。利用这种原理可以制成如纵向磁致伸缩管等应变计,可用于测量力和力矩。

弦振动原理是指将弦的一端固定,而在另一端加上张力,那么在此张力作用下,弦的振动频率发生变化。利用这个变化就能够测量力的大小,利用这种弦振动原理也可制成力觉传感器。

4.转矩传感器

在传动装置驱动轴转速 n、功率 P 及转矩 T 之间,存在 $T\propto P/n$ 的关系。如果转轴加上负载,那么就会产生扭力。测量这一扭力,就能测出转矩。

轴的扭转应力以最大 $45°$ 的方式在轴表面呈螺旋状分布。如果在其最大方向 $45°$ 安装应变计,那么此应变计就会产生形变,测出该形变即可求得转矩。

图 4-13 所示为光电式转矩传感器。将两个分割成相同扇形隙缝的圆片安装在转矩杆的两端,轴的扭转以两个圆片间相位差表现出来,测量经隙缝进入光电元件的光通量,即可求出扭转角的大小。它采用两个光电元件,有利于提高输出电流,以便直接驱动转矩显示仪表。

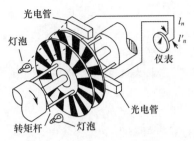

图 4-13 光电式转矩传感器

5.腕力传感器

机器人腕力传感器测量的是三个方向的力(力矩),因此一般采用六维力-力矩传感器,如图 4-14 所示。由于腕力传感器既是测量的载体,又是传递力的环节,因此腕力传感器的结构一般为弹性结构梁,通过测量弹性体的变形可得到 3 个方向的力(力矩)。

斯坦福研究所设计的手腕力觉传感器如图 4-15 所示。它由六个小型差动变压器组成,能测量作用于腕部 x、y 和 z 轴三个方向的力及各轴的转矩。力觉传感器装在铝制圆筒形主体上,圆筒外侧由八根梁支撑,手指尖与腕部连接。当指尖受到力时,梁受其影响而弯曲。根据黏附在梁两侧的八组应力计测得的信息,就能够算出加在 x、y 和 z 轴上的分力以及各轴的分转矩。

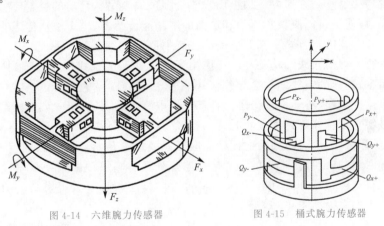

图 4-14 六维腕力传感器   图 4-15 桶式腕力传感器

4.3 机器人外部传感器

目前的主流工业机器人绝大多数没有外部感知能力,但是对于新一代机器人,特别是各种智能移动机器人,则要求具有自校正能力和反映环境变化的能力。已有越来越多的机器人具有各种外部感觉能力。本节讨论几种最主要的外传感器:触觉传感器、应力传感器、接近度传感器和听觉传感器等。

4.3.1 触觉传感器

触觉是人与外界环境直接接触时的重要感觉功能,研制满足要求的触觉传感器是机器人发展中的关键技术之一。触觉传感器用以判断机器人(包括末端执行器)是否接触到外界物体或测量被接触物体的特征。

1. 微动开关

微动开关由弹簧和触头构成。触头接触外界物体后离开基板,造成信号通路断开,从而测到与外界物体的接触。这种常闭式(未接触时一直接通)微动开关的优点是使用方便、结构简单,缺点是易产生机械振荡和触头易氧化。

图 4-16 为应用微动开关的五指机械手及其等效电路。这个机械手具有整体式手掌,各个开关共用一条地线。此时机械手处于空载状态,五个微动开关均打开,因而放大器的输入端均为高电位,即处于逻辑"1"状态。如果有任何一个微动开关因手指接触物体而接通,那么就传递一个逻辑"0"至放大器。

2. 柔性电子皮肤

近年来,柔性电子皮肤一直是科研界和工业界的研究热门,其中用于模仿人体皮肤功能的仿生触觉传感器是研究重点。人体皮肤是一种非常先进的触觉传感器,可以同时检测各种刺激的强度和模式,即可以分辨按压、敲击和弯曲。这主要归因于四个机械感受器(SA-I,II和FA-I,II)分布在人体皮肤不同区域。机械感受器接收外部刺激并将其转换为电子信号,然后这四种受体的综合信号由大脑进行分析,得到物体大小、形状和质量等信息。

柔性触觉传感器阵列在实际应用上面临着许多挑战,首先,目前的触觉传感器阵列往往只有单一功能,即使是可以测量正压力和弯曲的多功能传感器,也无法从传感器信号分析出外界刺激的模式。其次,大面积、高分辨率的传感器阵列往往需要大量的电极引线,限制了其发展。尽管行+列的布线结构已经广泛应用于电阻式和电容式传感器阵列中,但是对于压电传感器而言,这样的布线结构会导致信号串扰。

为了解决这些难题,科学家提出了一种基于压电薄膜的,具有行+列电极结构的触觉传感器阵列。该触觉传感器阵列可以实时感测和区分各种外部刺激的大小、位置和模式,包括轻微触碰、按压和弯曲。此外,独特的设计克服了其他压电传感器中存在的信号串扰问题。压力测试和弯曲测试表明,所提出的触觉传感器阵列具有高灵敏度长期耐用性和快速响应时间的特征。触觉传感器阵列还显示出卓越的可扩展性和易于大规模制造的能力。5×5触觉传感器阵列的实物如图 4-17 所示。

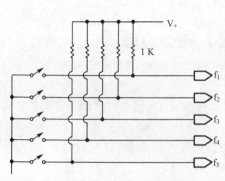

图 4-16 应用微动开关的五指机械手及其等效电路

图 4-17 5×5触觉传感器阵列的实物

3. 双稳态开关

双稳态开关式接触传感器一般装在机器人的末端执行器上,能够有效地避免机器人末端执行器与障碍物相碰撞。如图 4-18 所示为装有双稳态开关传感器的夹爪,如果要这个夹爪能够达到全部可达空间,那么传感器 1~4 将发出安全接触信号,并对工作策略产生影响。如果传感器 1 被触发,那么机械手的夹爪必定向下移动。传感器 5 和传感器 6 具有不同的功用,如果同时触发 5 和传感器 6,且夹爪口部距离 AB 为最短,即表明夹爪没有抓到物体。如果传感器 5 和传感器 6 只有一个被触发,而且距离 AB 为最大,表明此时夹爪已移动,而且碰到一个被夹爪抓住的物体或障碍。如果传感器 5 和传感器 6 均被激发,而且距离 AB 小于其最大值,那么说明夹爪抓住了某个物体。同时夹爪可以提供所夹物体的信息,如几何尺寸、维数等,把这种信息加至数据库,能够保证进行成功的操作。

4.XELA 指尖触觉传感器

XELA 指尖触觉传感器推出了 3 轴力传感器阵列,用于实现机器手和夹爪的触觉感知。XELA 触觉感应阵列具有小巧、轻薄、柔软、耐用、布线少等优点。可以提供数字输出,只需要几根细线,不需要额外模数转换器,测量速度更快、更精确,同时能够将电噪声和干扰降至最低。黏附在夹爪上时,这款指尖触觉传感器凭借柔软的物理特性,能够处理易碎物体而不会损坏它们,不同尺寸、形状、硬度和质量的物体可以可靠地抓握和操作,柔软性还可确保传感器对过载具有高度的弹性,使其非常耐用。图 4-19 为指尖触觉传感器应用在机器手的手指上。

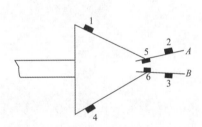

图 4-18 装有双稳态开关传感器的夹爪

图 4-19 指尖触觉传感器应用在机器手的手指上

4.3.2 应力传感器

应力定义为单位面积上所承受的附加内力。应力应变就是应力与应变的统称。最简单的应力应变传感器就是电阻应变片,将其直接贴装在被测物体表面就可以,应力是通过标定转换应变来的。物体受力产生变形时,特别是弹性元件,体内各点处变形程度不同,用以描述一点处变形程度的力学量是该点的应变。应力应变传感器是利用电阻应变片将应变转换为电阻变化的传感器。当被测物理量作用于弹性元件上,弹性元件在力矩或压力等的作用下发生变形,产生相应的应变或位移,然后传递给与之相连的应变片,引起应变片的电阻值变化,通过测量电路变成电量输出。输出的电量大小能够反映被测量即受力的大小。

1.应变效应

导体和半导体材料在受到外界力(拉力或压力)作用时,会产生机械变形,机械变形能够导致其阻值发生变化,这种因形变而使其阻值发生变化的现象称为应变效应。以一根电阻丝为例,在其未受力时,原始电阻值为

$$R = \frac{\rho L}{A}$$

当电阻丝受到拉力 F 的作用时,将伸长 ΔL,横截面积相应减小 ΔA,电阻率因材料晶格发生变形等因素的影响而改变了 $\Delta \rho$,从而引起的电阻值变化量为

$$dR = \frac{L}{A}d\rho + \frac{\rho}{A}dL - \frac{\rho L}{A^2}dA$$

电阻相对变化量为

$$\frac{dR}{R} = \frac{d\rho}{\rho} + \frac{dL}{L} - \frac{dA}{A}$$

式中:dL/L 为长度相对变化量。

用应变 ε 表示为

$$\varepsilon = \frac{dL}{L}$$

dA/A 为圆形电阻丝的截面积相对变化量,设 r 为电阻丝的半径,微分后可得 $dA = 2\pi r dr$,则

$$\frac{dA}{A} = 2\frac{dr}{r}$$

在弹性范围内,金属丝受拉力时,沿轴向伸长,沿径向缩短,轴向应变和径向应变的关系可表示为

$$\frac{dr}{r} = -\mu\frac{dL}{L} = -\mu\varepsilon$$

式中:μ 为电阻丝材料的泊松比,负号表示应变方向相反。可推得

$$\frac{\frac{dR}{R}}{\varepsilon} = (1+2\mu) + \frac{\frac{d\rho}{\rho}}{\varepsilon}$$

定义电阻丝的灵敏系数为单位应变所引起的电阻相对变化量。其表达式为

$$K = \frac{dR}{R}\bigg/\varepsilon = (1+2\mu) + \frac{\Delta\rho}{\varepsilon}$$

由此可得应力应变传感器的灵敏度受两个因素的影响,分别为应变片受力后材料几何尺寸的变化和应变片受力后材料的电阻率发生的变化。大量实验证明,在电阻丝拉伸极限内,电阻的相对变化与应变成正比,即 K 为常数。

2.应力应变传感器的优点

①分辨率高,能测出极微小的应变。

②误差较小,一般小于 1%。

③尺寸小且质量轻。

④测量范围大,从弹性变形一直可测至塑性变形($1\sim2\%$),最大可达 20%。

⑤既可测静态,又可测快速交变应力。

⑥具有电气测量的一切优点,如测量结果便于传送、记录和处理。

⑦能在各种严酷环境中工作。如从真空至数千个大气压;从接近绝对零度低温至近 $1\,000\ ℃$ 高温;离心加速度可达数十万个"g";在振动、磁场、放射性、化学腐蚀等条件下,只要

采取适当措施,同样能可靠地工作。

⑧价格低廉、品种多样,便于选择和大量使用。

4.3.3　接近度传感器

接近度传感器是指检测物体接近程度的传感器。接近度可表示物体的来临、靠近或出现、离去或失踪等。接近度传感器在生产过程和日常生活中被广泛应用,它除可用于检测计数外,还可与继电器或其他执行元件组成接近开关,以实现设备的自动控制和操作人员的安全保护,特别是工业机器人在发现前方有障碍物时,可限制机器人的运动范围,以避免与障碍物发生碰撞。

要获得一定距离外物体的信息,必须使物体发出信号或产生某一作用场。接近度传感器分为无源传感器和有源传感器,当采用自然信号源时,就属于无源接近度传感器。如果信号来自人工信号源,那么就需要人工信号发送器和接收器。当这两种设备装于同一传感器时,就构成有源接近度传感器。

1.磁电感应式接近度传感器

磁电感应式接近度传感器又称感应式或电动式传感器,它是利用电磁感应原理将被测量(如振动、位移、转速等)转换成电信号的一种传感器。它不需要辅助电源,就能把被测对象的机械量转换成易于测量的电信号,是一种有源传感器,其特点为电路简单、性能稳定、输出功率大、输出阻抗小,且具有一定的工作带宽($10\sim1\,000$ Hz),被广泛用于转速、振动、位移、扭矩等测量中。

如图 4-20 所示为磁电感应式接近度传感器。加有高频信号 i_s 的励磁线圈 L 产生的高频电磁场作用于金属板,在其中产生涡流,该涡流反作用于线圈。通过检测线圈的输出可反映出传感器与被接近金属间的距离。

2.光学接近传感器

光学接近觉传感器由用作发射器的光源和接收器两部分组成,光源可在内部,也可在外部,接收器能够感知光线的有无。发射器及接收器的配置准则是,发射器发出的光只有在物体接近时才能被接收器接收。除非能反射光的物体处在传感器作用范围内,否则接收器就接收不到光线,也不能产生信号。

3.超声波接近度传感器

超声波接近度传感器可用于检测物体的存在和测量距离,这种传感器测量出超声波从物体发射经反射回到该物体(被接收)的时间。这种传感器不能用于测量小于 $30\sim50$ cm 的距离,一般用在移动式机器人上,以检验前进道路上的障碍物,避免碰撞,也可用于大型机器人的夹手上。图 4-21 为超声波接近度传感器实物。超声波的波形有以下几种:质点振动方向与波的传播方向一致的波,称为纵波,它能在固体、液体和气体中传播;质点振动方向垂直于传播方向的波,称为横波,它只能在固体中传播;质点的振动介于纵波与横波之间,沿着表面传播,振幅随深度增加而迅速衰减的波,称为表面波。表面波质点振动的轨迹是椭圆形(其长轴垂直于传播方向,短轴平行于传播方向),表面波只能沿着固体的表面传播。

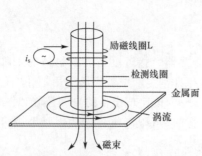

图 4-20　磁电感应式接近度传感器

图 4-21　超声波接近度传感器实物

4.红外线接近度传感器

图 4-22 所示为红外线接近度传感器的工作原理。发送器(往往为红外二极管)向物体发出一束红外光。此物体反射红外光,并把回波送到接收器(一般为光电三极管)。为消除周围光线的干扰作用,发射光是经过脉冲调制的(调制为几千赫兹),而且在接收时经过滤波。

红外线传感器的发送器和接收器体积不大,因此能够把它们装在机器人夹爪上。虽然这种传感器易于检测出工作空间内是否存在某个物体,但要用它来测量距离是相当复杂的,因为被物体反射的光线以及返回接收器的光线是随着物体特征(其吸收光线的程度)和物体表面相对于传感器光轴的方向(与物体表面方向、平整度或曲率有关)的不同而异的。此外,如果传感器与某个平面垂直,那么反射及回波响应达最大值。

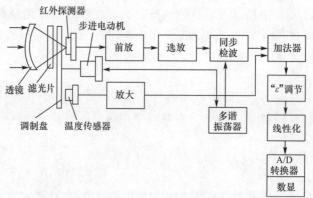

图 4-22　红外线接近度传感器的工作原理

5.电容式接近度传感器

利用电容量的变化产生接近觉。电容式接近度传感器如图 4-23 所示。其本身作为一个极板,被接近物作为另一个极板。将该电容接入电桥电路或 RC 振荡电路,利用电容极板距离的变化产生电容的变化,可检测出与被接近物的距离。电容式接近度传感器具有对物体的颜色、构造和表面都不敏感且实时性好的优点。

6.霍尔式传感器

当一块通有电流的金属或半导体薄片垂直地放在磁场中时,薄片的两端就会产生电位差,这种现象就称为霍尔效应。当磁性物件移近霍尔开关时,开关检测面上的霍尔元件因产生霍尔效应而使开关内部电路状态发生变化,由此识别附近有磁性物体存在,进而控制开关的通或断。这种接近开关的检测对象必须是磁性物体。图 4-24 所示为一种霍尔传感器。

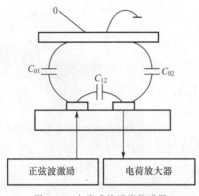

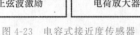

图 4-23 电容式接近度传感器　　　　　　　图 4-24 霍尔传感器

霍尔传感器的优点：可以测量任意波形的电流和电压，如直流、交流、脉冲波形等，甚至对瞬态峰值的测量。普通互感器是无法与其比拟的。原边电路与副边电路之间有良好的电气隔离，隔离电压可达 9 600 Vrms。精度非常高，在工作温度区内精度优于 1%，该精度适合于任何波形的测量，线性度好，带宽高。需要注意的是，为了得到较好的动态特性和灵敏度，必须注意原边线圈和副边线圈的耦合，要想耦合得好，最好用单根导线且导线完全填满霍尔传感器模块孔径。

4.3.4　其他传感器

1. 声觉传感器

声觉传感器用于感受和解释在气体（非接触感受）、液体或固体（接触感受）中的声波。声波传感器的复杂程度可从简单的声波存在检测到复杂的声波频率分析和对连续自然语言中单独语音和词汇的辨识。

可把人工声音感觉技术用于机器人。在工业环境中，机器人感觉某些声音是有用的。有些声音（如爆炸）可能意味着危险，另一些声音（如叫声）可能用作命令。声音识别系统已越来越多地获得应用。

2. 温度传感器

接触式或非接触式温度感知在机器人中运用广泛。当机器人自主运行时，或者不需要人在场时，或者需要知道温度信号时，温度感知特性能起到极大作用。有必要提高温度传感器（如用于测量钢水温度）的精度及区域反映能力。通过改进热电电视摄像机的特性，已在感觉温度图像方面取得显著进展。

两种常用的温度传感器为热敏电阻和热电耦，这两种传感器都必须与被测物体保持实际接触。热电耦能够产生一个与两温度差成正比的小电压。在使用热电耦时，通常要把它的一部分接至标准温度，于是就能够测得相对于该标准温度的各种温度。热敏电阻的阻值与温度成正比变化，其利用导体的电阻值随温度变化而变化的原理进行测温。热电阻广泛用来测量 $-200 \sim 850$ ℃的温度，少数情况下，低温可测量至 1 K，高温达 1 000 ℃。标准铂电阻温度计的精确度高，作为复现国际温标的标准仪器。

3. 滑觉传感器

滑觉传感器用于检测物体的滑动。机器人在抓取不知属性的物体时，其自身应能确定最佳握紧力的给定值。当握紧力不够时，要检测被握紧物体的滑动，利用该检测信号，在不损害物体的前提下,考虑最可靠的夹持方法,实现此功能的传感器称为滑觉传感器滑觉传感器。

现在应用的滑觉传感器主要有滚动式和球式,还有一种通过振动检测滑觉的传感器。其工作原理为物体在传感器表面上滑动时,和滚轮或环相接触,把滑动变成转动。磁力式滑觉传感器中,滑动物体引起滚轮滚动,用磁铁和静止的磁头,或用光传感器进行检测,这种传感器只能检测到一个方向的滑动。球式传感器用球代替滚轮,可以检测各个方向的滑动,振动式滑觉传感器表面伸出的触针能和物体接触,当物体滚动时,触针与物体接触而产生振动,这个振动由压点传感器或磁场线圈结构的微小位移计检测。

如图 4-25 所示为球形机器人滑觉传感器。它由一个金属球和触针组成,金属球表面分布许多间隔排列的导电和绝缘小格。触针头很细,每次只能触及一个格。当工件滑动时,金属球也随之转动,在触针上输出脉冲信号。脉冲信号的频率反映了滑移速度,脉冲信号的个数对应滑移的距离。接触器触头面积小于球面上露出的导体面积,它不仅可做得很小,而且检测灵敏度高。球与被抓取的物体相接触,无论滑动方向如何,只要球一转动,传感器就会产生脉冲输出。同时该球体在冲击力作用下不转动,因此抗干扰能力强。

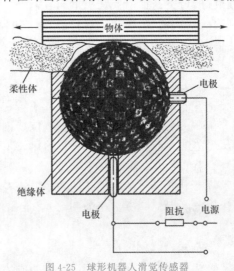

图 4-25　球形机器人滑觉传感器

4.4　机器人视觉技术

4.4.1　机器人视觉系统

随着自动化生产对效率和精度控制要求的不断提高,人工检测已经无法满足工业需求,解决的方法就是采用自动检测。自从 20 世纪 70 年代机器视觉系统产品出现以来,已经逐步向处理复杂检测、引导机器人和自动测量几个方面发展,逐渐地消除了人为因素,降低了错误发生的概率。

机器视觉系统是一种非接触式的光学传感系统,同时集成软、硬件,综合现代计算机、光学、电子技术,能够自动地从所采集到的图像中获取信息或者产生控制动作。机器视觉系统的具体应用需求千差万别,视觉系统本身也可能有多种不同的形式,但都包括三个步骤:首先,利用光源照射被测物体,通过光学成像系统采集视频图像,相机和图像采集卡将光学图像转换为数字图像;然后,计算机通过图像处理软件对图像进行处理,分析获取其中的有用信息,这是整个机器视觉系统的核心;最后,图像处理获得的信息最终用于对对象(被测物体、环境)的判断,并形成对应的控制指令,发送给相应的机构模块。

在整个过程中,被测对象的信息反映为图像信息,进而经过分析,从中得到特征描述信息,最后根据获得的特征进行判断和动作。最典型的机器视觉系统一般包括光源、光学成像系统、相机、图像采集卡、图像处理硬件平台、图像和视觉信息处理软件、通信模块,如图 4-26 所示。

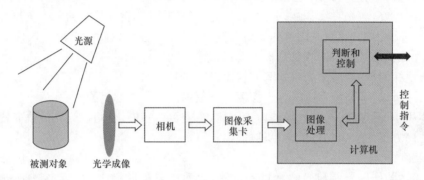

图 4-26　计算机视觉系统模块

采用机器视觉系统,可以使工业机器人具备以下优势:安全性高,视觉检测为非接触测量,不仅满足狭小空间装配过程的检测,同时提高了系统安全性;精度高,机器视觉可提高测量精度,人工目测会受测量人员主观意识的影响,而机器视觉这种精确的测量仪器会排除这种干扰,提高了测量结果的准确性;灵活性强,视觉系统能够进行各种不同的测量。当使用环境变化以后,只需要软件做相应变化或者升级以适应新的需求即可;自适应性高,机器视觉可以不断获取多次运动后的图像信息,并反馈给运动控制器,直至最终结果准确,实现自适应闭环控制。

4.4.2 激光雷达

1.工作原理

工作在红外和可见光波段的雷达称为激光雷达。它由激光发射系统、光学接收系统、转台和信息处理系统等组成。发射系统是各种形式的激光器。接收系统是采用望远镜和各种形式的光电探测器。激光雷达采用脉冲和连续波两种工作方式,按照探测原理的不同,探测方法可以分为光散射、瑞利散射、拉曼散射、布里渊散射、荧光、多普勒等。

激光器将电脉冲变成光脉冲(激光束)作为探测信号向目标发射出去,打在物体上并反射回来,光接收机接收从目标反射回来的光脉冲信号(目标回波),与发射信号进行比较,还原成电脉冲,送到显示器。接收器准确地测量光脉冲从发射到被反射回的传播时间。因为光脉冲以光速传播,所以接收器总会在下一个脉冲发出之前收到前一个被反射回的脉冲。鉴于光速是已知的,传播时间即可被转换为对距离的测量。然后经过适当处理后,就可获得目标的有关信息,如目标距离、方位、高度、速度、姿态甚至形状等参数,从而对目标进行探测、跟踪和识别。

根据扫描机构的不同,激光测距雷达有 2D 和 3D 两种。激光测距方法主要分为两类:一类是脉冲测距;另一类是连续波测距。脉冲测距也称为飞行时间测距,应用于反射条件变化很大的非合作目标。连续波测距一般针对合作目标采用性能良好的反射器,激光器连续输出固定频率的光束,通过调频法或相位法进行测距。

2.主要特点

激光雷达由于使用的是激光束,工作频率高,因此具有以下特点:

(1)分辨率高:激光雷达可以获得极高的角度、距离和速度分辨率。通常角度分辨率不低于 0.1 mard,也就是说可以分辨 3 km 距离上相距 0.3 m 的两个目标,并可同时跟踪多个目标;距离分辨率可达 0.1 m;速度分辨率在 10 m/s 以内。

(2)隐蔽性好:激光直线传播,方向性好,光束很窄,只有在其传播路径上才能接收到,因此敌方截获非常困难,且激光雷达的发射系统(发射望远镜)口径很小,可接收区域窄,有意发射的激光干扰信号进入接收机的概率极低。

(3)低空探测性能好:激光雷达只有被照射的目标才会产生反射,完全不存在地物回波的影响,因此可以"零高度"工作,低空探测性能很强。

(4)体积小、质量轻:与普通微波雷达相比,激光雷达轻便、灵巧,架设、拆收简便,结构相对简单,维修方便,操纵容易,价格也较低。

3.应用领域

激光雷达的作用是能精确测量目标位置、运动状态和形状,以及准确探测、识别、分辨和跟踪目标,具有探测距离远和测量精度高等优点,已被普遍应用于移动机器人定位导航,还广泛应用于资源勘探、城市规划、农业开发、水利工程、土地利用、环境监测、交通监控、防震减灾等方面,在军事上也已开发出火控激光雷达、侦测激光雷达、导弹制导激光雷达、靶场测量激光雷达、导航激光雷达等精确获取三维地理信息的途径,为国民经济、国防建设、社会发展和科学研究提供了极为重要的数据信息资源,取得了显著的经济效益,显示出优良的应用前景。图 4-27 为基恩士激光扫描测距仪,它可应用在移动机器人中进行定位导航,具有扫描区域大、环境抗耐性能强、识别精度高等特点。

图 4-27 基恩士激光扫描测距仪

4.4.3 案例:基于机器视觉的垃圾分类技术

随着人工智能和机器人在自动化生产线广泛应用,无人化、智能化为其提供了有力技术支撑。垃圾分类和再利用是当今亟待解决的社会问题,本案例结合机器视觉和机器人优势,基于 Halcon 的图像处理平台和 IRB1410 机器人的运控载体,对固体流通商品按国家分类标准进行分拣。包括机器人逆运动学算法、垃圾外包装条码实时采集、数字图像处理、数据传输及机器人分拣等内容。

1.系统组成与逆运动学方程求解

(1)系统组成

本设计主要由 IRB1410 机器人工作站、待分拣垃圾输送装置、视觉采集－识别－通讯平台、MCGS人机界面和三类垃圾收集箱(可回收垃圾、干垃圾和有害垃圾)组成,其中机器人工作站包括本体、控制器和示教器,如图4-28所示。

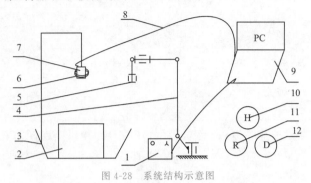

图 4-28 系统结构示意图

图中 1.IRB1410 机器人控制器,2.待处理垃圾,3.输送线,4.本体,5.夹爪,6.相机,7.光源,8.通信线,9.PC,10.有害垃圾箱,11.可回收垃圾箱,12.干垃圾箱。

(2)系统工作原理

当输送装置将待分拣的流通商品垃圾送至视觉检测平台采集区域时,传感器发送采集信号,视觉系统获取外形轮廓图像、条码图像和位置信息,将识别的条码号与流通商品条码数据库和垃圾分类训练集进行匹配。将位姿(位置和姿态)和分类结果信息传输给机器人控制器,根据逆运动学计算各关节参数,调用PROC程序抓取待分拣垃圾,放至对应垃圾箱,机器人可设置运行速率适应待分拣垃圾节拍,期间无停顿。系统工作原理图如图 4-29所示。

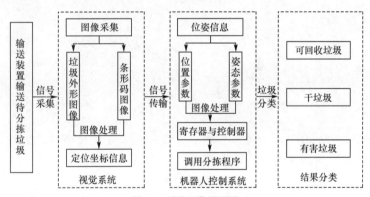

图 4-29 系统工作原理图

2. IRB1410 机器人逆运动学求解

本设计是将图像的位姿信息经控制器发送给机器人末端,根据关节变换矩阵求解各关节的位置和姿态,故采用逆运动学法求解,驱动各关节电机。IRB1410 机器人连杆参数如表4-2、机构运动简图及各关节坐标系如图4-30所示。

表 4-2   IRB1410 机器人连杆参数

关节 i	a_i(mm)	α_i(°)	D_i(mm)	θ_i(°)
1	0	−180	0	θ_1
2	720	90	0	θ_2
3	170	0	0	θ_3
4	720	−90	−805	θ_4
5	85	90	0	$\theta5$
6	0	−90	0	θ_6

表中:关节 i-机器人关节序号;a_i-连杆长度;α_i-连杆扭角;D_i-连杆偏置;θ_i-连杆转角。

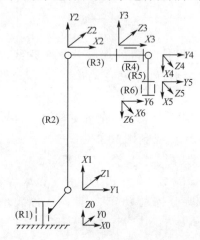

图 4-30   IRB1410 机构运动简图及各关节坐标系

逆运动学方程如下:

$$T_6^0 = A_1^0 A_2^1 A_3^2 A_4^3 A_5^4 A_6^5 = \begin{bmatrix} n_x & o_x & a_x & p_x \\ n_y & o_y & a_y & p_y \\ n_z & o_z & a_z & p_z \\ 0 & 0 & 0 & 1 \end{bmatrix} \tag{1}$$

式中:T_6^0—机器人末端位姿矩阵;A_{i+1}^i—关节 i 到关节 $i+1$ 的位姿变换矩阵;n—X 轴方向的向量;o—Y 轴方向的向量;a—Z 轴方向的向量。

已知 T_6 矩阵和各连杆参数,求各关节转角 $\theta_1-\theta_6$:

$$A_i = Rot(Z,\theta_i) \cdot Trans(0,0,D_i) \cdot Trans(a_i,0,0) \cdot Rot(X,\alpha_i)$$

$$= \begin{bmatrix} \cos\theta_i & -\sin\theta_i\cos\alpha_i & \sin\theta_i\sin\alpha_i & \alpha\cos\theta_i \\ \sin\theta_i & \cos\theta_i\cos\alpha_i & -\cos\theta_i\sin\alpha_i & \alpha\sin\theta_i \\ 0 & \sin\alpha_i & \cos\alpha_i & D_i \\ 0 & 0 & 0 & 1 \end{bmatrix} \tag{2}$$

式中:A_i—关节 i 的位姿变换矩阵;Rot—旋转算子;$Trans$—平移算子。

由解析法求得各关节角度:

$$\theta_1 = \arctan(p_x/p_y) - \arctan[\pm D_2/(r^2 - d_2^2)^{1/2}] \tag{3}$$

$$\theta_2 = \arctan(c_1 p_x + s_1 p_y)/p_x \tag{4}$$

$$\theta_3 = s_2(c_1 p_x + s_1 p_y) + c_2 p_z \tag{5}$$

$$\theta_4 = \arctan\left[(c_1 a_y - s_1 a_x)/(c_2 c_1 a_x + c_2 s_1 a_y - s_2 a_z)\right] \tag{6}$$

$$\theta_5 = \frac{\arctan\left[c_4(c_1 c_2 a_x - c_2 s_1 a_y - s_2 a_z) + c_1 s_4 a_y - s_1 s_4 a_x\right]}{s_2 c_1 a_x + s_2 s_1 a_y + c_2 a_z} \tag{7}$$

$$\theta_6 = \arctan s_6/c_6 \tag{8}$$

式中：p_i—连杆长度在 i 方向的分量；c—cos；s—sin。

综上，本设计通过视觉定位获取垃圾的位姿后，传输给 R_6，各关节执行参数实现分拣。

3．视觉系统与图像处理

（1）视觉系统与工作原理

视觉系统由图像采集装置、图像处理系统、机器人分拣工作站和控制通讯传输系统组成。图像采集由光源、镜头和相机组成，其中光源采用环形白色光、相机像素 1.3 万；图像处理系统采用 Halcon 机器视觉处理平台，将处理结果通过 C♯ 混合编程转换至 VS2010 的 Winform 窗体，经 TCP/IP 通信至 MCGS 界面中予以显示和统计，如图 4-31 所示。

图 4-31　视觉处理流程

工作时，输送带将不同种类的流通商品经过光电传感器时，触发传感器信号输出，相机实时拍照，将图像发至 Halcon 处理平台，经过 RGB 灰度转化、HSV 转换、阈值分割、连通域闭运算、特征提取、数据库匹配解码、显示等过程，提取包装上外观和条码信息，将求解算法以 C♯ 格式输出至 VS2010 窗体，同步至人机界面上显示类型并计数，机器人完成分拣。

（2）图像处理

上述环节中，图像采集前需调整好光源和相机目标区域一致，消除因输送带干扰拍照效果，拍照帧数大于输送带运动频率。将采集的 RGB 图灰度转化成灰度图和 HSV 图，显化颜色判别和提取特征。特征提取重点是从得到的 HSV 图中选取比较明显的灰度图，通过阈值分割和连通域运算后，提取轮廓和条码区域，难点是轮廓的拟合与 EAN 条码解码，将求取的数值与已知数据库比对，匹配出训练集的最佳值。机理如下：

1）灰度转化

$$g(x,y) = T[f(x,y)] \tag{9}$$

式中：$f(x,y)$—待处理的数字图像；$g(x,y)$—处理后的数字图像；T—定义了 f 的操作。

2）阈值分割（最大类间方差法）

将灰度值为 $i \in [0, L-1]$ 的像素定义为 n_i，则：

$$N = \sum_{i=0}^{L-1} n_i \tag{10}$$

各灰度值出现的概率为：

$$p_i = \frac{n_i}{N} \tag{11}$$

对于 p_i 有：

$$\sum_{i=0}^{L-1} p_i = 1 \tag{12}$$

把图像像素用阈值 T 分成 A 和 B 两类,A 由灰度值在$[0,T-1]$像素中组成,则 B 在$[T,L-1]$像素中组成,概率分别为:

$$P_0 = \sum_{i=0}^{T-1} p_i \tag{13}$$

$$P_1 = \sum_{i=T}^{L-1} p_i = 1 - P_0 \tag{14}$$

用 u 表示整幅图像平均灰度,所属的区域 A、B 的平均灰度分别:

$$u_0 = \frac{1}{P_0} \sum_{i=0}^{T-1} i p_i = \frac{u(T)}{P_0} \tag{15}$$

$$u_1 = \frac{1}{P_1} \sum_{i=T}^{L-1} i p_i = \frac{u - u(T)}{1 - P_0} \tag{16}$$

$$u = \sum_{i=0}^{L-1} i p_i = \sum_{i=0}^{T-1} i p_i + \sum_{i=T}^{L-1} i p_i = P_0 u_0 + P_1 u_1 \tag{17}$$

区域总方差为:

$$\begin{aligned} \sigma_B^2 &= P_0(u_0 - u)^2 + P_1(u_1 - u)^2 \\ &= P_0 P_1 (u_0 - u_1)^2 \end{aligned} \tag{18}$$

式中:N—灰度值;P—概率;u—平均灰度;σ_B^2—区域总方差。

让 T 在 $L-1$ 区间内取值,使 σ_B^2 最大的 T 即为最佳区域阈值,图像处理效果最佳。

3)Canny 边缘

Canny 边缘检测算子是一种具有较好边缘检测性能的算子,利用高斯函数的一阶微分性质,把边缘检测问题转换为检测函数极大值的问题,能在噪声抑制和边缘检测之间取得较好的折中。

$$H(x,y) = \exp\left(-\frac{x^2 + y^2}{2\sigma^2}\right) \tag{19}$$

$$G(x,y) = f(x,y) * H(x,y)$$

式中:f—图像数据,H—省略系数的高斯函数,G—滤波后的平滑图像。

垃圾外包装的条码图像处理过程如图 4-32 所示,可正确读取并显示结果文本。

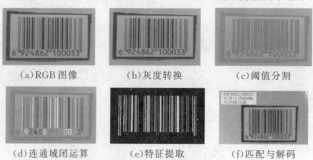

|(a)RGB 图像|(b)灰度转换|(c)阈值分割|
|(d)连通域闭运算|(e)特征提取|(f)匹配与解码|

图 4-32 视觉图像处理流程

3.3 MCGS界面设计

为便于结果可视化,将图像分析结果在 MCGS 人机界面上实时显示。将 Halcon 平台

上算法以 C♯格式导出,同步至 VS2010 的 Winform 窗体下,通过 TCP/IP 通信协议下载到
MCGS 人机界面,实现垃圾种类和数量可视化,如图 4-33 所示。

(a)VS 窗体　　　　　　　　　　(b)MCGS 界面

图 4-33　通信调试界面

练习题

1.工业机器人传感器分为哪几类? 它们分别起什么作用?

2.常用的机器人内传感器和外传感器有哪几种?

3.选择工业机器人传感器时主要考虑哪些因素?

4.测量机器人的速度和加速度常用哪些传感器?

5.有哪几种光电编码器? 它们各有什么特点? 除了检测位置(角位移)外,光电编码器还有什么用途? 试举例说明。

6.力觉传感器有哪几种? 简述它们的作用原理。

7.举出三种常用的触觉传感器的例子,简要说明其工作原理。

8.简述接近度传感器的工作原理。

9.激光雷达是怎样工作的? 它有哪些特点? 其应用领域和前景如何?

第 5 章

工业机器人控制系统

20世纪80年代以后,微型计算机的发展,特别是电力半导体器件的出现,使整个机器人的控制系统发生了很大的变化,机器人控制系统的功能日趋完善。机器人具有非常好的人机界面,有功能完善的编程语言、系统保护、状态监控及诊断功能。机器人的操作更加简单,但是控制精度及作业能力却有很大的提高。目前机器人已具有很强的通信能力,能连接各种网络(CAN-BUS、PROFIBUS 或 ETHERNET),形成了机器人的生产线。很多汽车的焊接生产线、油漆生产线、装配生产线都是靠机器人工作的。控制系统已从模拟式的控制进入了全数字式的控制。

20世纪90年代以后,计算机的性能进一步提高,集成电路(IC)的集成度也进一步加强,使机器人控制系统的价格逐渐降低,而运算的能力却大大提高,过去许多用硬件才能实现的功能也逐渐地可通过使用软件来完成。机器人控制系统的可靠性也由最早的几百小时提高到现在的6万小时,几乎不需要进行维护。

5.1 机器人控制系统的功能与结构

控制系统可称为机器人的大脑。机器人的感知、推理都是通过控制系统的输入、运算、输出来完成的,所有行为和动作都必须通过控制系统发出相应的指令来实现。工业机器人要与外围设备协调动作,共同完成作业任务,就必须具备一个功能完善、灵敏可靠的控制器。工业机器人的控制系统可分为两大部分:一部分完成对其自身运动的控制;另一部分完成工业机器人与周边设备的协调控制。

5.1.1 工业机器人控制系统的主要功能

工业机器人的结构是一个空间开链机构,各个关节的运动是独立的,为了实现末端点的运动轨迹,需要各关节的协调运动,因此工业机器人的控制比较复杂,如图 5-1 所示为工业机器人控制装置实物,具体如下特点:

(1)控制系统与机构运动学及动力学密切相关。

(2)一般至少要有 3~5 个自由度。

(3)机器人控制系统必须是一个计算机控制系统,才能将多个独立的伺服系统协调控制。

(4)仅仅利用位置闭环还不够,还需要利用速度甚至加速度闭环,系统经常使用重力补偿、前馈、解耦或自适应控制等方法。

(5)机器人的动作往往可以通过不同的方式和路径来完成,存在"最优"的问题。

综上所述,机器人控制系统是一个与运动学和动力学原理相关,有耦合、非线性的多变量控制系统。

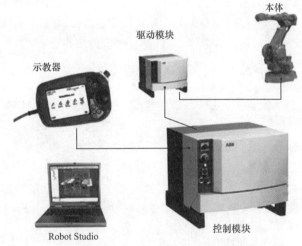

图 5-1 工业机器人控制装置实物

要使机器人运动起来,需要给各个关节即每个运动自由度安装传动装置以提供机器人各部位、各关节动作的原动力。根据能量转换方式不同,将机器人的主要驱动方式分为液压驱动、气压驱动、电气驱动和新型驱动。可以是直接驱动或者是通过同步带、链条、轮系、谐波齿轮等机械传动机构进行间接驱动。在选择机器人驱动器时,除了要充分考虑机器人的工作要求(如工作速度、最大搬运物重、驱动功率、驱动平稳性、精度要求)外,还应考虑是否能够在较大的惯性负载条件下,提供足够的加速度以满足作业要求。

工业机器人控制系统的主要任务是控制工业机器人在工作空间中的运动位置、姿态和轨迹、操作顺序及动作的时间等,主要功能有示教再现控制和运动控制,如图 5-2 所示为工业机器人控制系统原理。

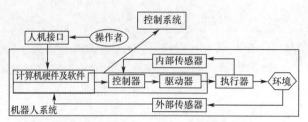

图 5-2　工业机器人控制系统原理

示教再现控制的主要内容包括示教及记忆方式和示教编程方式。其中,示教方式的种类较多,集中示教方式是指同时对位置、速度、操作顺序等进行的示教方式;分离示教方式是指在示教位置之后,再一边动作,一边分辨示教位置、速度、操作顺序等的示教方式。采用半导体记忆装置的工业机器人,可使得记忆容量大大增加,特别适用于复杂程度高的操作过程的记忆,并且记忆容量可达无限。

工业机器人的运动控制是指工业机器人的末端执行器在从一点移动到另一点的过程中,对其位置、速度和加速度的控制,一般通过控制关节运动来实现。关节运动控制分为两步进行:第一步是关节运动伺服指令的完成,即将末端执行器在工作空间的位置和姿势的运动转化为由关节变量表示的时间序列或表示为关节变量随时间变化的函数。第二步是关节运动的伺服控制,即跟踪执行第一步所生成的关节变量伺服指令。

5.1.2　机器人控制系统的结构

工业机器人的控制系统有三种结构:集中控制、主从控制和分布控制。

1.集中控制系统

集中控制系统是指用一台计算机实现全部控制功能,其结构简单,成本低,但实时性差,难以扩展。早期的机器人常采用这种结构。基于 PC 的集中控制系统中,充分利用了 PC 资源开放性的特点,可以实现很好的开放性。多种控制卡、传感器设备等都可以通过标准 PCI插槽或通过标准串口、并口集成到控制系统中,如图 5-3 所示为集中控制系统。

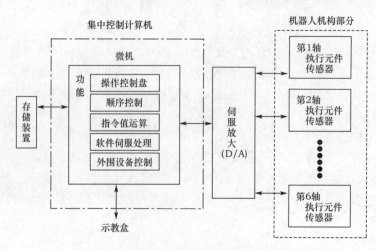

图 5-3　集中控制系统

集中控制系统的优点:硬件成本较低,便于信息的采集和分析,易于实现系统的最优控制,整体性与协调性较好。其缺点:缺乏灵活性,一旦出现故障则影响面广。由于工业机器人的实时性要求很高,当系统进行大量数据计算时,会降低系统的实时性,系统对多任务的响应能力也会与系统的实时性相冲突;系统连线复杂,会降低系统的可靠性。

2.主从控制系统

采用主、从两级处理器实现系统的全部控制功能。主 CPU 实现管理、坐标变换、轨迹生成和系统自诊断等功能,从 CPU 实现所有关节的动作控制。主从控制系统的实时性较好,适用于高精度、高速度控制,但其系统扩展性较差,维修困难,如图 5-4 所示为主从控制系统。

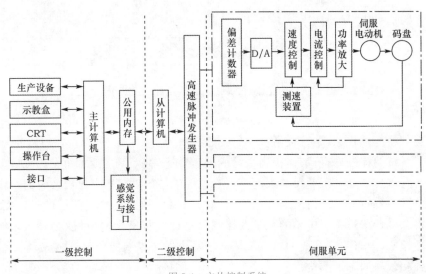

图 5-4　主从控制系统

主从控制系统的优点:硬件成本较低,便于信息的采集和分析,易于实现系统的最优控制,整体性与协调性较好,基于 PC 的系统硬件扩展较为方便。其缺点:系统控制缺乏灵活性,控制危险容易集中,一旦出现故障,其影响面广,后果严重。

3.分布控制系统

分布控制系统是指将系统分成几个模块,每一个模块有其自己的控制任务和控制策略,各模块之间可以是主从关系,也可以是平等关系。这种方式实时性好,易于实现高速、高精度控制,易于扩展,可实现智能控制,如图 5-5 所示为分布控制系统。

其主要思想是"分散控制,集中管理",即系统对总体目标和任务可以进行综合协调和分配,并通过子系统的协调工作来完成控制任务。整个系统在功能、逻辑和物理等方面都是分散的,因此 DCS 系统又称为集散控制系统或分散控制系统。在这种结构中,子系统由控制器、不同被控制对象或设备构成,各个子系统之间通过网络等相互通信。分布式控制结构提供了一个开放、实时、精确的机器人控制系统,常采用两级分布式控制系统。

两级分布式控制系统通常由上位机、下位机和网络组成。上位机可以进行不同的轨迹规划和算法控制,下位机用于进行插补细分、控制优化等。上位机和下位机通过通信总线相互协调工作,通信总线可以是 RS232、RS485、IEEE488 及 USB 等形式。新型的网络集成式全分布控制系统,即现场总线控制系统(Fieldbus Control System,FCS)也已经被广泛应用。

在机器人系统中引入现场总线技术后,更有利于机器人在工业生产环境中的集成。

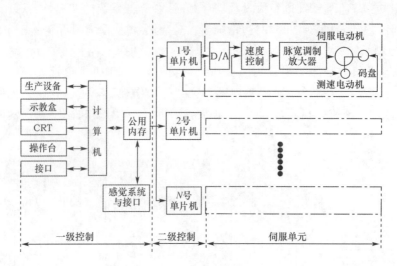

图 5-5　分布控制系统

分布控制系统的优点:系统灵活性好,控制系统的危险性低,采用多处理器的分散控制,能够有利于系统功能的并行执行,提高系统的处理效率,缩短响应时间。

对于具有多自由度的工业机器人而言,集中控制系统对各个控制轴之间的耦合关系处理得很好,可以很简单地进行补偿。但是,当轴的数量增加到使控制算法变得很复杂时,其控制性能将会降低。当系统中轴的数量或控制算法变得很复杂时,可能会导致系统的重新设计。与之相比,分布控制系统的每一个运动轴都由一个控制器处理,这意味着系统有较少的轴间耦合和较高的系统重构性。

无论工业机器人的控制方式如何,机器人控制柜都是必须存在的。它用于放置各种控制单元,进行数据处理及存储,并执行对应程序,是机器人系统的大脑。

ABB 工业机器人控制柜如图 5-6 所示。它具有如下特点:

图 5-6　ABB 工业机器人控制柜

(1)灵活性强。IRC5 控制器由一个控制模块和一个驱动模块组成,可选增一个过程模块以容纳定制设备和接口,如点焊、弧焊和胶合等。配备这三种模块的控制器完全有能力控制一台 6 轴机器人外加伺服驱动工件定位器及类似设备。若需要增加机器人的数量,只需要为每台新增机器人增装一个驱动模块,还可选择安装一个过程模块。各模块间只需要两根连接电缆,一根为安全信号传输电缆,另一根为以太网连接电缆,供模块间通信使用。

(2)模块化。控制模块作为 IRC5 的"心脏",自带主计算机,能够执行高级控制算法,为多达 36 个伺服轴进行路径计算,并可指挥 4 个驱动模块。

(3)可扩展性。采用标准组件,用户不必担心设备淘汰问题,能随时进行设备升级。

(4)通信便利。完善的通信功能是 ABB 机器人控制系统的特点,其 IRC5 控制器的 PCI 扩展槽中可以安装几乎任何常见类型的现场总线板卡,支持最高速率为 12 Mbit/s 的双信道 Profibus DP,可使用铜线和光纤接口的双信道 Interbus 通信。

ABB 工业机器人的控制柜按键主要有以下几个部分:

(1)主电源开关。机器人系统的总开关。

(2)紧急停止按钮。在任何模式下,按下紧急停止按钮,机器人均会立即停止动作。要使机器人重新动作,必须使紧急停止按钮恢复至原来位置。

(3)电动机上电/失电按钮。电动机上电/失电按钮表示电动机的工作状态。当按键灯常亮时,表示上电状态,机器人的电动机被激活;当按键灯快闪时,表示机器人未同步(未标定或计数器未更新),但电动机已激活;当按键灯慢闪时,表示至少有一种安全停止生效,电动机未被激活。

(4)模式选择按钮。ABB 工业机器人模式选择按钮一般分为两位选择开关和三位选择开关,如图 5-7 所示。

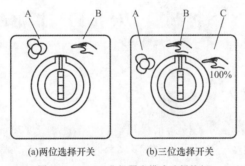

(a)两位选择开关   (b)三位选择开关

图 5-7 ABB 工业机器人模式选择按钮

A—自动模式;B—手动差速模式;C—手动全速模式

①自动模式:机器人运行时使用,在此状态下,操纵摇杆不能使用。

②手动差速模式:机器人只能以低速、手动控制方式运行,必须按住使能器才能激活电动机。

③手动全速模式:用于在与实际情况相近的情况下调试程序。

KUKA 机器人被广泛应用于汽车制造、造船、冶金、娱乐等领域。机器人配套的设备有 KRC2 控制器柜、KCP 控制盘等,如图 5-8 所示。

图 5-8　KUKA 工业机器人控制柜

KUKA 工业机器人控制柜采用开放式结构,有联网功能的 PC NASED 技术。其主要特点如下:

(1)采用标准的工业控制计算机处理器。

(2)基于 Windows 平台的操作系统,可在线选择多种语言。

(3)支持多种标准工业控制总线。

(4)配有标准的各类插槽,方便扩展和实现远程监控与诊断。

(5)采用高级语言编程,程序可方便、快速地进行备份及恢复。

(6)集成标准的控制软件功能包,可适用于各种应用。

5.2　控制器 I/O 接口与扩展模块

5.2.1　ABB 机器人控制器 I/O 接口的分类和功能

ABB 机器人提供了丰富的 I/O 通信接口,可以轻松地实现与周边设备通信。具体的通信方式见表 5-1,其中 RS232 通信、OPC server、Socket Message 是与 PC 通信时的通信协议,与 PC 通信时需要在 PC 端下载 PC SDK,添加"PC-INTERFACE"选项后方可使用;DeviceNet、Profibus、Profibus-DP、Profinet、EtherNet IP 则是不同厂商推出的现场总线协议,可根据需求进行选配,使用合适的现场总线;如果使用机器人标准 I/O 板,就必须有DeviceNet 总线。

表 5-1　　　　　　　　　　　　工业机器人通信方式

ABB 机器人		
PC	现场总线	ABB 标准
RS232 通信	DeviceNet	标准 I/O 板
OPC server	Profibus	PLC
Socket Message	Profibus-DP	……
	Profinet	……
	EtherNet IP	……

关于机器人的 I/O 通信接口的说明：

（1）ABB 的标准 I/O 板是机器人用户最常使用的一种接口方式，其设置及外部接线简单，使用方便。

（2）可以完成常用信号处理，有数字输入 DI、数字输出 DO、模拟输入 AI、模拟输出 AO 和输送链跟踪等。

（3）若选配标准 ABB 的 PLC，则可省去原来与外部 PLC 进行通信设置的麻烦，并且在机器人示教器上就能实现与 PLC 相关的操作。

（4）当机器人需要与外部设备进行大量数据的通信时，现场总线方式能够体现其显著的优势。

（5）ABB 机器人通常采用 DeviceNet、Profibus、Profibus-DP、Profinet 和 EtherNet IP 等现场总线，而最常用的是 DeviceNet、Profibus-DP 和 EtherNet IP 三种方式。例如 DSQC651、DSQC652 和 DSQC653 等标准 I/O 板采用的就是 DeviceNet 现场总线挂接在机器人主机上。ABB 机器人的在线控制则通常使用 RJ45 网线连接，采用的就是 EtherNet IP 接口。

5.2.2 ABB 标准 I/O 板 DSQC651

1.模块接口说明

DSQC651 板模块接口如图 5-9 所示，它主要提供 8 个数字输入信号、8 个数字输出信号和 2 个模拟输出信号的处理。

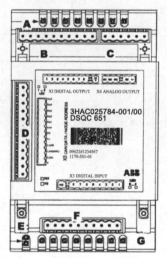

图 5-9　DSQC651 板模块接口

其中：A——数字输出信号指示灯；

　　　B——X1,X8 路数字输出接口；

　　　C——2 路模拟输出；

　　　D——X5,DeviceNet 接口；

　　　E——模块状态指示灯；

　　　F——X3,X8 路数字输入接口；

　　　G——数字输入信号指示灯。

2.模块接口连接说明

模块接口连接说明如图 5-10～图 5-13 所示。

X1 端子编号	使用定义	地址分配
1	OUTPUT CH1	32
2	OUTPUT CH2	33
3	OUTPUT CH3	34
4	OUTPUT CH4	35
5	OUTPUT CH5	36
6	OUTPUT CH6	37
7	OUTPUT CH7	38
8	OUTPUT CH8	39
9	0 V	
10	24 V	

图 5-10 X1 端子

X3 端子编号	使用定义	地址分配
1	INPUT CH1	0
2	INPUT CH2	1
3	INPUT CH3	2
4	INPUT CH4	3
5	INPUT CH5	4
6	INPUT CH6	5
7	INPUT CH7	6
8	INPUT CH8	7
9	0 V	
10	未使用	

图 5-11 X3 端子

X5 端子编号	使用定义
1	0 V BLACK
2	CAN信号线low BLUE
3	屏蔽线
4	CAN信号线high WHILE
5	24 V RED
6	GND地址选择公共端
7	模块ID bit 0 (LSB)
8	模块ID bit 1 (LSB)
9	模块ID bit 2 (LSB)
10	模块ID bit 3 (LSB)
11	模块ID bit 4 (LSB)
12	模块ID bit 5 (LSB)

图 5-12 X5 端子

X6 端子编号	使用定义	地址分配
1	未使用	
2	未使用	
3	未使用	
4	0 V	
5	模拟输出AO1	0～15
6	模拟输出AO2	16～31

图 5-13 X6 端子

ABB 标准 I/O 板是挂在 DeviceNet 网络上的,因此要设定模块在网络中的地址。端子 X5 的 6～12 的跳线用来决定模块的地址,地址可用范围在 10～63。

如果想要获得 10 的地址,可将第 8 脚和第 10 脚的跳线剪去,如图 5-14 所示,2＋8＝10,就可以获得 10 的地址。

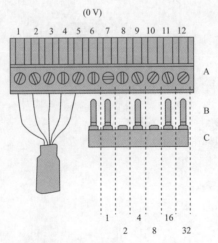

图 5-14 ABB 标准 I/O 板地址

5.3　机器人系统总线

作为智能设备,工业机器人在编程、调试、运行、维护的过程中需要通信网络技术,为了和 PLC 等其他工业设备进行系统集成,需要 DeviceNet、Profibus、Profinet、EtherNet IP 等工业网络通信接口。

5.3.1　工业机器人编程接口

工业机器人常用的编程接口有串行口和以太网口。

1.RS-232C 接口标准

RS-232C 是美国电子工业协会(Electronic Industry Association,EIA)制定的一种串行物理接口标准。RS 是英文"推荐标准"的缩写,232 为标识号,C 表示修改次数。RS-232C 总线标准设有 25 条信号线,包括一个主通道和一个辅助通道,在多数情况下主要使用主通道,对于一般双工通信,仅需要几条信号线就可实现,如一条发送线、一条接收线及一条地线。RS-232C 标准规定的数据传输速率为(50、75、100、150、300、600、1 200、2 400、4 800、9 600、19 200)bit/s,如图 5-15 所示为 RS-232 接口。

图 5-15　RS-232 接口

RS-232C 标准规定,驱动器允许有 2 500 pF 的电容负载,通信距离将受此电容限制,例如,采用 150 pF/m 的通信电缆时,最大通信距离为 15 m;若每米电缆的电容量减小,则通信距离可以增大。传输距离短的另一个原因是 RS-232 属单端信号传送,存在共地噪声和不能抑制共模干扰等问题,因此一般用于距离在 20 m 以内的通信。

RS-232 对电器特性、逻辑电平和各种信号线功能都做了规定,表 5-2 为信号含义。在 TXD 和 RXD 上:逻辑 1(MARK)=−3 ～−15 V;逻辑 0(SPACE)=3～15 V。在 RTS、CTS、DSR、DCD 和 DTR 等控制线上:信号有效(接通,ON 状态,正电压)=3 ～15 V;信号无效(断开,OFF 状态,负电压)=−3 ～−15 V。

表 5-2　　　　　　　　　　　　　　　　信号含义

端脚		方向	符号	功能
25 针	9 针			
2	3	输出	TXD	发送数据
3	2	输入	RXD	接收数据
4	7	输出	RTS	请求发送
5	8	输入	CTS	为发送清零
6	6	输入	DSR	数据设备准备好
7	5		GND	信号地
8	1	输入	DCD	
20	4	输入	DTR	数据信号检测
22	9	输入	RI	

为了实现采用+5 V 供电的 TTL 和 CMOS 通信接口电路能与 RS-232 标准接口连接，必须进行串行口的输入/输出信号的电平转换，图 5-16 所示为 RS-232 电平转换器。常用的电平转换器有 MOTOROLA 公司生产的 MC1488 驱动器、MC1489 接收器，TI 公司生产的 SN75188 驱动器、SN75189 接收器，美国 MAXIM 公司生产的单一 5 V 电源供电、多路 RS-232 驱动器/接收器，如 MAX232A。

（a）　　　　　　　　　　　　　（b）

图 5-16　RS-232 电平转换器

2.RS-485 接口标准

在要求通信距离为几十米到上千米时，广泛采用 RS-485 串行总线标准。RS-485 采用平衡发送和差分接收，因此具有抑制共模干扰的能力，图 5-16 所示为 RS-485 接口。由于总线收发器具有高灵敏度，能检测低至 200 mV 的电压，因此传输信号能在千米以外得到恢复。RS-485 采用半双工的工作方式，任何时候只能有一点处于发送状态，因此，发送电路必须由使能信号加以控制。RS-485

图 5-17　RS-485 接口

用于多点互连时非常方便，可以省掉许多信号线。应用 RS-485 可以联网构成分布式系统，其允许最多并联 32 台驱动器和 32 台接收器。

RS-485 接口具有如下特点:

①双线差分电气信号。

②半双工传输模式。

③最远 1 200 m 的通信距离。

④最快 10 Mbit/s 的通信速率。

⑤最大支持 32 个节点。

RS-485 有两线制和四线制两种接线,四线制只能实现点对点的通信方式,现很少采用,多采用的是两线制接线方式,这种接线方式为总线式拓扑结构,在同一总线上最多可以挂接 32 个节点。

在 RS-485 通信网络中一般采用的是主从通信方式,即一个主机带多个从机。很多情况下,连接 RS-485 通信链路时只是简单地用一对双绞线将各个接口的"A""B"端连接起来,而忽略了信号地的连接,这种连接方法在许多场合是能正常工作的,但却埋下了很大的隐患,原因一是共模干扰:RS-485 接口采用差分方式传输信号,并不需要相对于某个参照点来检测信号,系统只需要检测两线之间的电位差就可以了,但容易忽视收发器有一定的共模电压范围,RS-485 收发器共模电压范围为 −7 ~ +12 V,只有满足上述条件,整个网络才能正常工作;当网络线路中共模电压超出此范围时就会影响通信的稳定可靠,甚至损坏接口。原因二是 EMI:发送驱动器输出信号中的共模部分需要一个返回通路,如果没有一个低阻的返回通道(信号地),就会以辐射的形式返回源端,整个总线就会像一个巨大的天线向外辐射电磁波,RS-232C 和 RS-485 的主要技术参数比较,见表 5-3。

表 5-3　　　　　　　　　RS-232C 和 RS-485 的主要技术参数比较

规范	RS-232C	RS-485
最大传输距离	15 m	1 200 m(速率 100 kbit/s)
最大传输速度	20 kbit/s	10 Mbit/s(距离 12 m)
驱动器最小输出	±5	±1.5
驱动器最大输出	±1.5	±6
接收器敏感度	±3	±0.2
最大驱动器数量	1	32 单位负载
最大接收器数量	1	32 单位负载
传输方式	单端	差分

3.以太网

以太网是近年来最普遍的一种计算机网络。以太网有两类:第一类是经典以太网;第二类是交换式以太网,它使用一种称为交换机的设备连接不同的计算机。经典以太网是以太网的原始形式,运行速度从 3~10 Mbit/s 不等;而交换式以太网正是广泛应用的以太网,可运行在 100 Mbit/s、1 000 Mbit/s 和 10 000 Mbit/s 的高速率,分别以快速以太网、千兆以太网和万兆以太网的形式呈现。

以太网的标准拓扑结构为总线型拓扑,但目前的快速以太网(100BASE-T、1000BASE-

T标准)为了减少冲突,将能提高的网络速度和使用效率最大化,并使用交换机来进行网络连接和组织。如此一来,以太网的拓扑结构就成了星型。但在逻辑上,以太网仍然使用总线型拓扑和 CSMA/CD(Carrier Sense Multiple Access/Collision Detection,载波多重访问/碰撞侦测)的总线技术。

以太网实现了网络上无线电系统多个节点发送信息的想法,每个节点必须获取电缆或者信道才能传送信息。它有时也叫作以太(Ether)。每一个节点都有全球唯一的 48 位地址,也就是制造商分配给网卡的 MAC 地址,以保证以太网上所有节点能互相鉴别。由于以太网十分普遍,因此许多制造商把以太网卡直接集成进计算机主板。

以太网逐渐成为互联网系列技术的代名词,包括原有的物理层与数据链路层,网络层与传输层的 TCP/IP 协议组和应用层协议,以太网与 OSI 参考模型的对照关系,如图 5-18 所示。

工业以太网涉及工业企业网络的各个层次,无论是工业环境下的企业信息网络,还是采用普通以太网技术的控制网络,以及新兴的实时以太网,均属于工业以太网的技术范畴。工业以太网标准主要有 EtherNet/IP、

图 5-18　以太网与 OSI 参考模型的对照关系

PROFINET、P － NET、Interbus、VNET/IP、TCnet、EtherCAT、Ethernet Porwerlink、EPA、Modbus－RTPS、SERCOS－Ⅲ。

5.3.2　DeviceNet

1.DeviceNet 概述

DeviceNet 是一种用在自动化技术的现场总线标准,在 1994 年由美国的 Allen－Bradley 公司开发。DeviceNet 使用控制器局域网络(CAN)为其底层的通信协定,其应用层有针对不同设备所定义的行规(Profile)。主要的应用包括资讯交换、安全设备及大型控制系统,图 5-19 所示为 DeviceNet。

在北美和日本,DeviceNet 在同类产品中占有最高的市场份额,在其他各地也呈现出强劲的发展势头。DeviceNet 已广泛应用于汽车工业、半导体产品制造业、食品加工工业、搬运系统、电力系统、包装、石油、化工、钢铁、水处理、楼宇自动化、机器人、制药和冶金等领域。

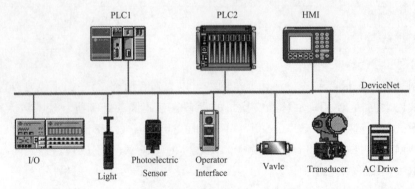

图 5-19　DeviceNet

在 Rockwell 提出的三层网络结构中，DeviceNet 主要应用于工业控制网络的底层，即设备层。在工业控制网络的底层中，传输的数据量小，节点功能相对简单，复杂程度低，但节点的数量大，要求网络节点费用低。DeviceNet 正是满足了工业控制网络底层的这些要求，从而在离散控制领域中占有一席之地。DeviceNet 的应用如图 5-20 所示。

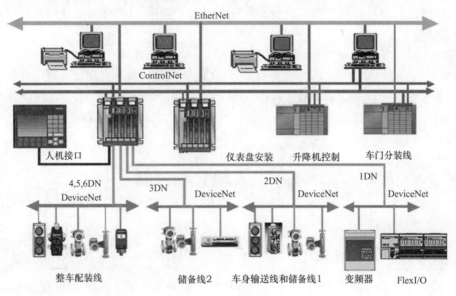

图 5-20 DeviceNet 的应用

DeviceNet 具有如下特性：

①介质访问控制及物理信号使用 CAN 总线技术。

②最多可支持 64 个节点，每个节点支持的 I/O 数量没有限制。

③不必切断网络即可移除节点。

④支持总线供电，总线电缆中包括电源线和信号线，供电装置具有互换性。

⑤可使用密封式或开放式的连接器。

⑥具有误接线保护功能。

⑦可选的通信速率为 125 kbit/s、250 kbit/s、500 kbit/s。

⑧采用基于连接的通信模式有利于节点之间的可靠通信。

⑨提供典型的请求/响应通信方式。

⑩具有重复 MAC ID 检测机制，满足节点主动上网要求。

2.CAN 总线

控制器局域网（Controller Area Network，CAN）是 1983 年德国 Bosch 公司为解决众多测量控制部件之间的数据交换问题而开发的一种串行数据通信总线。

1986 年，德国 Bosch 公司在汽车工程人员协会大会上提出了新总线系统，被称为汽车串行控制器局域网。

1993 年，ISO 正式将 CAN 总线颁布为道路交通运输工具—数据报文交换—高速报文控制器局域网标准（ISO11898），为 CAN 总线标准化和规范化铺平了道路。

CAN 总线具有如下特点：

①CAN 总线是到目前为止唯一有国际标准的现场总线。

②CAN 总线为多主方式工作,本质上是一种载波监听多路访问(CSMA)方式,总线上任意一个节点均可以主动地向网上其他节点发送报文,而不分主从。

③CAN 总线废除了传统的站地址编码,采用报文标识符对通信数据进行编码。

④CAN 总线通过对报文标识符过滤即可实现点对点、一点对多点传送和全局广播等几种数据传送方式。

⑤CAN 总线采用非破坏性总线仲裁(Nondestructive Bus Arbitration,NBA)技术,按优先级发送,可以大大减少总线冲突仲裁时间,在通信负载较大时表现出良好的性能。

⑥CAN 总线直接通信距离最远可达 10 km(通信速率在 5 kbit/s 以下),通信速率最高可达 1 Mbit/s(最远通信距离为 40 m)。

5.4　人机交互控制

5.4.1　人机界面概述

人机界面(Human Machine Interface,HMI)是操作人员、系统工程师与控制系统(DCS,PLC 等)交互的界面,一般来说系统工程师只负责系统的生成、组态维护等工作,因此人机界面更多的是指操作人员与控制系统交互的界面。西门子公司的 SIMATIC WINCC 软件是人机界面的组态软件,图 5-21 所示为西门子 HIM 触摸屏。

HMI 功能要求有概貌显示、分组显示、单点显示、历史趋势显示、报警点摘要显示、动态模拟流程显示,用文字或图形动态地显示控制设备中开关量的状态和数字量的数值。通过各种输入方式,将操作人员的开关量命令和数字量设定值传送控制设备。HMI 软件一般都会提供丰富的组态功能,通过这些功能生成运行监控画面,通过监控画面实现对生产过程的监视与控制,进而实现对生产过程的操作。

人机界面主要承担以下任务:

①过程可视化。在人机界面上动态显示过程数据(PLC 采集的现场数据)。

②操作员对过程的控制。操作员通过图形界面来控制过程。

③显示报警。当变量超出或低于设定值时,会自动触发报警。

④记录功能。顺序记录过程值和报警信息,用户可以

图 5-21　西门子 HIM 触摸屏

检索以前的生产数据。

⑤输出过程值和记录报警。可以在某一轮班结束时打印输出生产报表。

⑥过程和设备的参数管理。将过程和设备的参数存储在配方中,可以一次性将这些参数从人机界面下载到控制系统中,以便改变产品的品种。

西门子的触摸屏面板(Touch Panel,TP),一般俗称为触摸屏。触摸屏是人机界面的发展方向,用户可以在触摸屏的屏幕上设置满足自己要求的触摸式按键。触摸屏使用直观方便,易于操作。画面上的按钮和指示灯可以取代相应的硬件元件,减少 PLC 需要的 I/O 点数,降低系统的成本,提高设备的性能和附加价值。

人机界面的基本工作原理是显示现场设备(通常是 PLC)中开关量的状态和寄存器中数字变量的值,用监控画面向 PLC 发出开关命令,并修改 PLC 寄存器中的参数。人机界面的工作原理如图 5-22 所示。

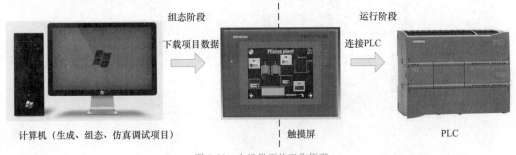

图 5-22 人机界面的工作原理

5.4.2 SIMATIC HMI 精简系列面板

Siemens 提供了范围广泛的 SIMATIC HMI 精简系列面板:从简单的操作员键盘和移动设备到灵活多变的多功能面板。多年来,这些面板作为人机交互设备,已被成功应用于各行各业中。SIMATIC HMI 精简系列面板结构紧凑,功能齐全,可以完美集成任何生产设备和自动化系统,如图 5-23 所示。

图 5-23 SIMATIC HMI 精简系列面板

SIMATIC HMI 精简系列面板可以有 4、6 或 10 个显示屏、键盘或触摸控制,可以提供一个 15 英寸的基本面板触摸屏。每个 SIMATIC Basic Panel 都设计采用了 IP65 防护等级,可以理想地用在简单的可视化任务,甚至是恶劣的环境中。其他优点包括集成软件功能,如报告系统、配方管理以及图形功能。SIMATIC S7-1200 与 SIMATIC HMI 精简系列面板的完美整合,为小型自动化应用提供了一种简单的可视化和控制解决方案。SIMATIC STEP7 Basic 是西门子开发的高集成度工程组态系统,提供了直观易用的编辑器,用于对 SIMATIC S7-1200 和 SIMATIC HMI 精简系列面板进行高效组态。

KTP700 Basic 是第二代 SIMATIC HMI 精简系列面板,其结构如图 5-24、图 5-25 所示,西门子满足了用户对高品质可视化和便捷操作的需求,即使在小型或中型机器和设备中也同样适用。根据旧款的价格确定了新一代精简系列面板的价格,同时其性能范围也有了显著扩展。高分辨率和 65 500 色的颜色深度是其突出优势。借助 PROFINET 或 PROFIBUS 接口及 USB 接口,其连通性也有了显著改善。借助 WinCC(TIA Portal)的现行软件版本可进行简易编程,从而实现新面板的简便组态与操作。

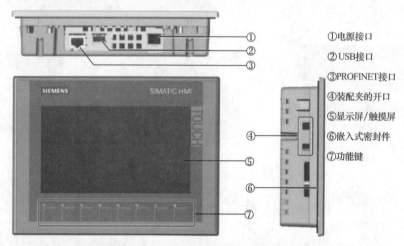

①电源接口
②USB接口
③PROFINET接口
④装配夹的开口
⑤显示屏/触摸屏
⑥嵌入式密封件
⑦功能键

图 5-24 KTP700 Basic PN 面板正视图、侧视图及端子接口图

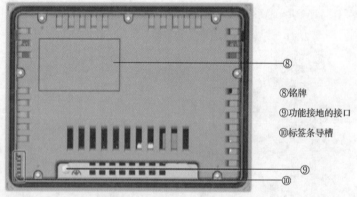

⑧铭牌
⑨功能接地的接口
⑩标签条导槽

图 5-25 KTP700 Basic PN 面板后视图

精简系列面板是利用个人计算机上的组态软件来生成满足用户需要的监控画面,从而实现对生产现场的管理和监控,图 5-26 所示为添加硬件设备-HMI 触摸屏。西门子精简系列面板之前广泛使用的是 SIMATIC WinCCflexible 组态软件,目前 TIA 博途软件已经把 S7-1200 编程软件和精简系列面板的组态软件 WinCC 集成在一起,使用 TIA Portal(博途)软件,就能实现精简系列面板的组态和 PLC 的编程,使得整个项目开发变得简单、高效。

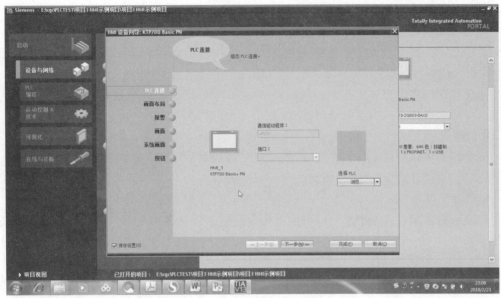

图 5-26　添加硬件设备-HMI 触摸屏

HIM 画面组态

1.画面总体设计

根据系统的要求,规划需要创建哪些画面,各画面的主要功能和相互关系。这一步是项目设计的基础,图 5-27 所示为画面组态。

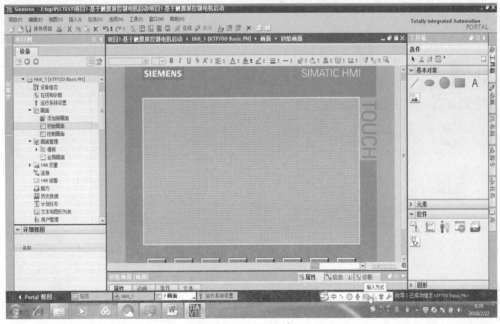

图 5-27　画面组态

2.组态画面模板

组态画面模板包括一般在画面模板中组态报警窗口和报警指示器,也可以将需要在所有画面中显示的画面对象放置在模板中。

3.永久性窗口

永久性窗口用来存放所有画面都需要的对象(如公司标志或项目名称),可以在任何一个画面中对永久性窗口的对象进行修改。

4.创建画面

创建画面可以使用工具箱中的"简单对象""高级对想""库"来生成画面对象,也可以在"画面浏览"中创建画面结构,即画面之间的切换关系。

5.画面管理

用鼠标右击项目视图中某一画面的图标,可执行"重命名""复制""剪切""粘贴""删除"等命令操作。

练习题

1.工业机器人控制系统的主要功能有哪些?

2.工业机器人的控制系统的结构有几种?

3.ABB 机器人控制器 I/O 接口可分为哪几种?

4.RS-485 接口的特点有哪些?

5.试比较 RS-485 接口和 RS-232 接口的主要技术参数。

6.机器人通信网络常用的传输介质有哪些?

7.CAN 总线的主要特点有哪些?

8.DeviceNet 的特性有哪些?

9.HMI 功能要求有哪些?

10.人机界面主要承担任务是什么?

11.简述人机界面的基本工作原理。

第6章

工业机器人外部通信

对于输入和输出设备数较多的、复杂的机器人工作站,因工业机器人自带的 I/O 接口数量有限或类型不匹配,在工作站系统中往往采用 PLC、单片机、DSP、嵌入式系统等外部控制器进行通信,配合机器人完成更加复杂的外围设备控制功能。

本章主要涉及机器人工作站外部通信的相关知识,包括 ABB 机器人和 PLC 的通信、机器人和单片机的通信、Modbus 通信协议等内容。

6.1　ABB 机器人和 PLC 的通信

6.1.1　ABB 机器人和 PLC 通信的 I/O 接口电路

1.机器人输入接口电路

传统电气设备采用的各种控制信号必须转换为和机器人 I/O 相匹配的数字信号。用户设备需要输入机器人的各种控制信号,如限位开关、操作按钮、选择开关、行程开关以及其他一些传感器输出的开关地址等,通过输入电路转换成机器人能够接收和处理的信号。

输出电路则应将机器人送出的弱电控制信号转换、放大为现场需要的强输出信号,以驱动功率管、电磁阀和继电器、接触器、电动机等被控制设备的执行元件,以方便实际控制系统使用。

一般输入信号最终以开关量输入机器人,开关输入的控制指令有效状态采用低电平比采用高电平效果要好得多。如图 6-1 所示,按下开关 S_1 时,发出的指令信号为低电平;未按下开关 S_1 时,输入机器人上的电平则为高电平。这个方式具有较强的耐噪声能力。

若考虑 TTL 电平电压较低,则在长线传输中容易受到外界干扰,可以将输入信号提高到 24 V,在机器人入口处将高电压信号转换成 TTL 信号。这种高电压传送方式不仅提高了耐噪声能力,而且使开关的触点接触良好,运行可靠,如图 6-2 所示。图 6-2 中,VD_1 为保护二极管,反向电压大于 5 V 接地。

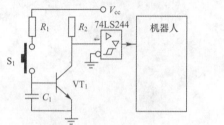

图 6-1 开关量输入

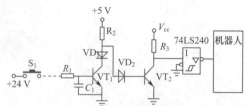

图 6-2 提高开关信号输入

为了防止外界尖峰干扰和静电影响损坏输入引脚,可以在输入端增加防脉冲的二极管,如图 6-3 所示,形成电阻双向保护电路,无论输入端出现何种极性的破坏电压,保护电路都能把这个电压的幅度限制在输入端所能承受的范围之内。

另一种常用的输入方式是采用光耦隔离,光耦合器的结构相当于把发光二极管和光敏三极管封装在一起。如图 6-4 所示,光耦隔离电路使被隔离的两部分电路之间没有电的直接连接,主要是防止因有电的连接而引起的干扰,特别是在低压的控制电路与外部高压电路之间。

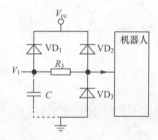

图 6-3 输入端保护电路

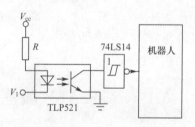

图 6-4 输入端光耦隔离电路

(2)机器人输出(PLC 输入)接口电路

一般情况下,机器人的输出接口都应经过光电耦合后再进行输出,以与外围设备电气隔离。光电耦合可以传输线性信号,也可以传输开关信号,在输出级应用时主要用来传输开关信号。如图 6-5 所示,机器人输出控制信号控制光耦的发光二极管。但因为光耦响应速度较慢使得开关延迟时间加长,限制了其使用频率。

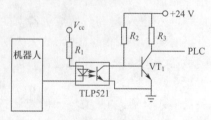

图 6-5 输出端光耦隔离电路

(3)用继电器来设计输入/输出接口电路

使用继电器连接 PLC 和机器人之间的信号,可以有效保护 PLC 以及机器人控制器。如图 6-6 所示,KA1～KA3 是 PLC 的输出继电器,KA4～KA6 是机器人控制,可在示教器上测试其动作。使用该方法能在电气上完全具有一个很大的缺点:使用频率很低,通常不能超过 5 Hz。

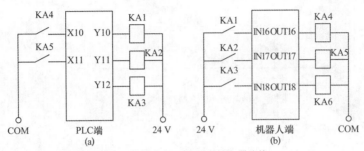

图 6-6 机器人和 PLC 通过继电器连接

6.1.2 PLC 和传感器的接口电路设计

(1)传感器类型

PNP 型与 NPN 型传感器其实就是利用三极管的饱和、截止,输出两种状态,属于开关型传感器。但输出信号是截然相反的,即高电平和低电平。PNP 输出的是高电平 1,NPN 输出的是低电平 0。

PNP 型与 NPN 型传感器(开关型)分为六类:

①NPN－NO(常开型)。

②NPN－NC(常闭型)。

③NPN－NC＋NO(常开、常闭共有型)。

④PNP－NO(常开型)。

⑤PNP－NC(常闭型)。

⑥PNP－NC＋NO(常开、常闭共有型)。

PNP 型与 NPN 型传感器一般有三条引出线,即电源线 VCC、接地线和 OUT 信号输出线。传感器电路如图 6-7 所示。

对于 PNP 型:

PNP 型是指当有信号触发时,信号输出线 OUT 和电源线 VCC 连接,相当于输出高电平的电源线。

对于 PNP－NO 型,在没有信号触发时,输出线是悬空的,就是 VCC 电源线和 OUT 线断开。有信号触发时,发出与 VCC 电源线相同的电压,也就是输出线 OUT 和电源线 VCC 连接,输出高电平 VCC。

对于 PNP－NC 型,在没有信号触发时,发出与 VCC 电源线相同的电压,也就是输出线 OUT 和电源线 VCC 连接,输出高电平 VCC。当有信号触发后,输出线是悬空的,就是 VCC 电源线和输出线 OUT 断开。

对于 PNP－NC＋NO 型,多出一个输出线 OUT,可根据需要进行取舍。

NPN.NO/NPN.NC

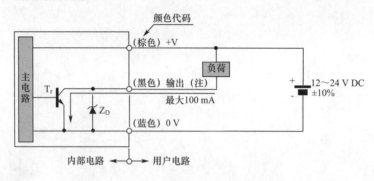

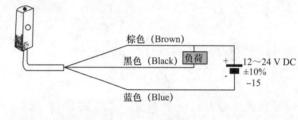

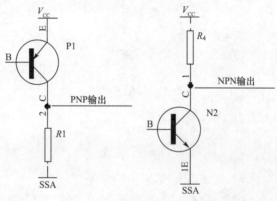

图 6-7　传感器电路

对于 NPN 型：

NPN 是指当有信号触发时，信号输出线 OUT 和接地线连接，相当于输出低电平，接地。

对于 NPN－NO 型，在没有信号触发时，输出线是悬空的，就是接地线和输出线 OUT 断开。有信号触发时，发出与接地相同的电压，也就是输出线 OUT 和接地线连接，输出低电平接地。

对于 NPN－NC 型，在没有信号触发时，发出与接地线相同的电压，也就是输出线 OUT 和接地线连接，输出低电平接地。当有信号触发后，输出线是悬空的，就是接地线和输出线 OUT 断开。

NPN－NC＋NO 型和 PNP－NC＋NO 型类似，多出一个输出线 OUT，及两条信号反相的输出线，可根据需要进行取舍。

（2）PLC 与传感器接线方式

西门子 PLC 输入端源型和漏型的定义：源型、漏型是根据 PLC 接线端子上 I 点的电流流向来区分（西门子 PLC 与三菱 PLC 的定义相反。三菱 PLC 定义：源型、漏型是根据 COM 端电流流向来区分）

源型：电流从 I 点流出时，意为电流源头。

漏型：电流从 I 点流入时，意为电流流向处。

①NPN 传感器接入 PLC（对于西门子 PLC 来说是源型输入接法）

电流走向：24 V—COM 端—I0.0（电流从 I 点流出）—传感器 OUT 端—传感器接地端—接地，如图 6-8 所示。

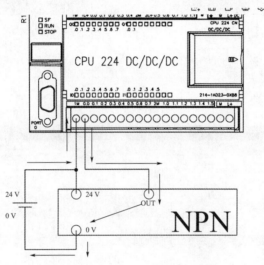

图 6-8　PLC 与 NPN 传感器接线图

②PNP 传感器接入 PLC（对于西门子 PLC 来说是漏型输入接法）

电流走向：24 V—传感器 24 V—传感器 OUT 端—I0.0（电流流入 I 点）—COM 端—接地，如图 6-9 所示。

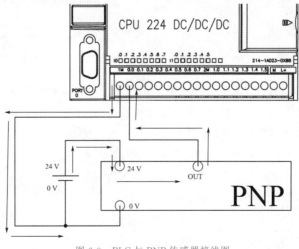

图 6-9　PLC 与 PNP 传感器接线图

6.1.3 ABB 机器人和西门子 PLC S7 1200 的 Profinet 总线通信

Profinet 总线是目前机器人比较主流的一种通信方式,在自动化设备中,机器人往往作为 PLC 系统的一个从站,因此 ABB 提供了一种方便、快捷、经济的方式实现与 PLC 之间的通信,不需要任何额外的硬件支持。PLC 与机器人 Profinet 连接如图 6-10 所示。

Profinet

图 6-10 PLC 与机器人 Profinet 连接

(1)PLC 端设置

①在博途软件中安装 ABB 机器人 GSD 文件,如图 6-11 所示。

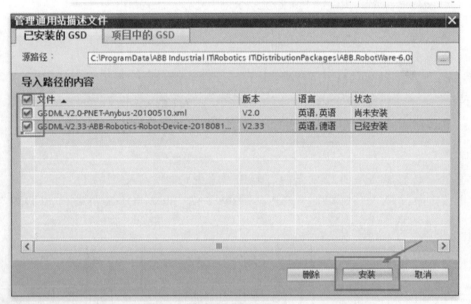

图 6-11 在博途软件中安装 GSD 文件

②打开博途软件,创建新项目,添加 PLC,设置 PLC 的 IP 地址等参数。

③在"网络视图"界面下,添加 ABB 机器人硬件。在硬件目录中找到 ABB "BASIC V1.4"选项,双击添加到"网络视图"中,如图 6-12 所示。

④分配连接的 Profinet 控制器,选择"PLC_1",如图 6-13 所示。

⑤设置 Profinet IO 设备的名称和 IP 地址,如图 6-14 所示。

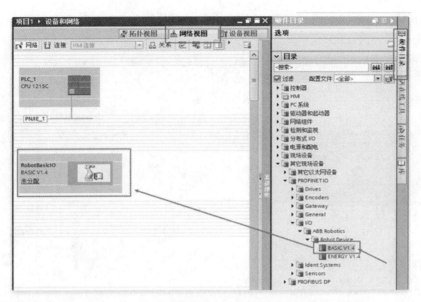

图 6-12　在"网络视图"下添加 ABB 机器人硬件

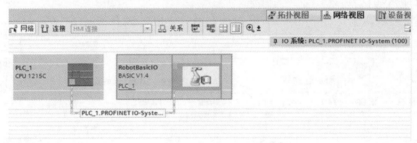

图 6-13　分配连接的 Profinet 控制器

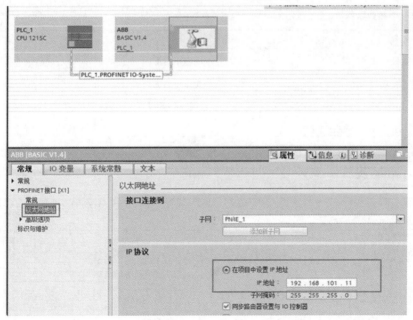

图 6-14　设置 Profinet IO 设备的名称和 IP 地址

⑥根据实际通信需要添加通信数据的长度。并设置输入、输出的 PLC 地址，如图 6-15 所示。

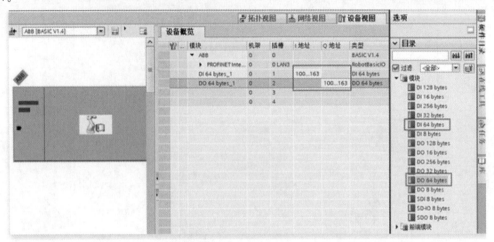

图 6-15　添加通信数据的长度和设置输入、输出的 PLC 地址

（2）机器人端设置

①设置 ABB 机器人 Profinet IO 设备的名称，与 PLC 硬件组态中设置一致，如图 6-16 所示。

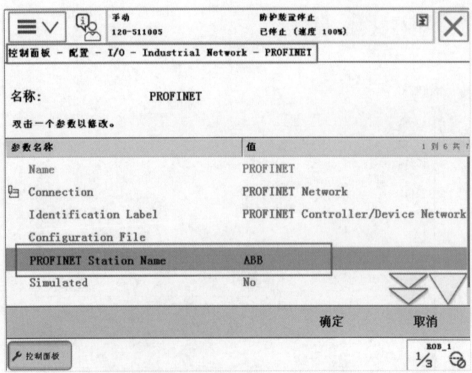

图 6-16　设置 ABB 机器人 Profinet IO 设备的名称

②设置 ABB 机器人通信数据长度，与 PLC 硬件组态中数据长度一致，如图 6-17 所示。

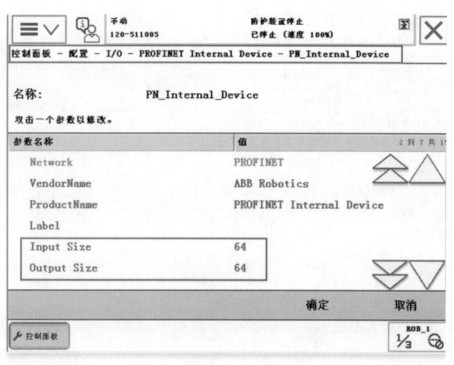

图 6-17　设置 ABB 机器人通信数据长度

③设置 ABB 机器人 Profinet 通信相关参数、IP 地址和通信接口。IP 地址需要与 PLC 组态中的配置一致。LAN3 口即机器人控制柜上的 X5 口,设置完成后重新启动机器人系统,如图 6-18 所示。

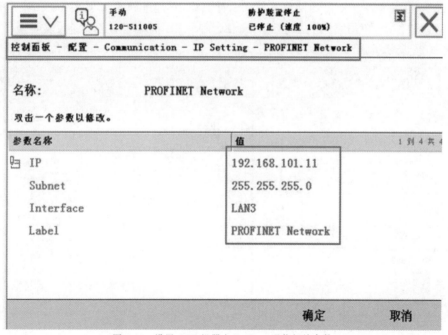

图 6-18　设置 ABB 机器人 Profinet 通信相关参数

④添加通信变量,这里是为了测试功能需要,因此只添加两个组输入和两个组输出,长度为一个字节。在实际项目中,可根据需要添加变量。输入变量的名称、类型、总线和数据长度。添加完成后应重新启动机器人系统,如图 6-19 所示。

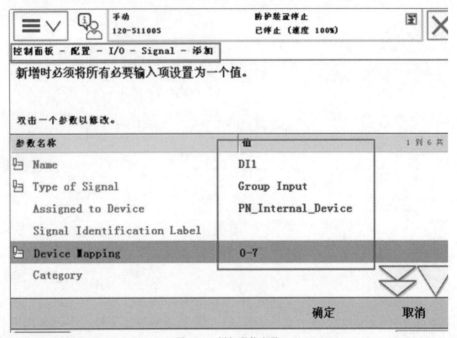

图 6-19 添加通信变量

(3)通信测试

①ABB 机器人控制柜上的网线连接 X5,计算机 IP 地址修改为 192.168.102.***网段。

②博途软件中,单击"转到在线"选项,PLC 和 ABB 机器人显示绿色,说明硬件配置正确,如图 6-20 所示。

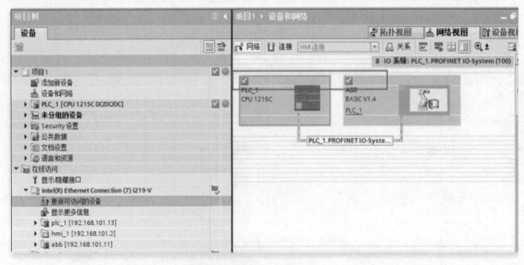

图 6-20 博途软件中"转到在线"

③PLC 发送数据,ABB 机器人接收数据。在监控表中手动赋值,查看机器人接收的数

据,如图 6-21 所示。

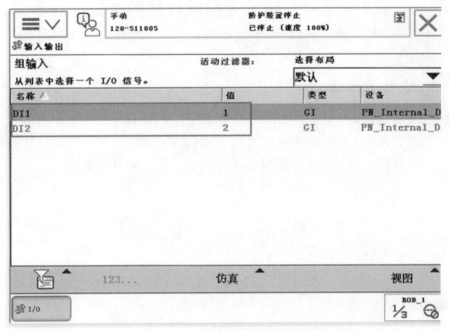

图 6-21 PLC 发送数据给 ABB 机器人

④ABB 机器人发送数据,查看 PLC 接收的数据,如图 6-22 所示。

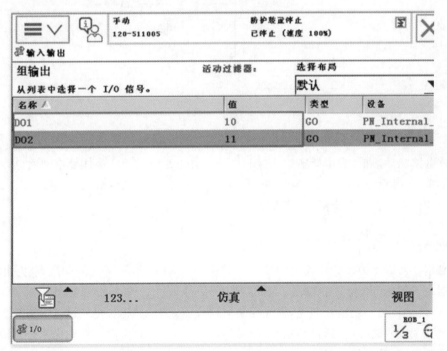

图 6-22 ABB 机器人发送数据给 PLC

⑤收发数据一致说明西门子 PLC S7 1200 与 ABB 机器人之间使用 Profinet 通信正常。

6.2　机器人和单片机的通信

6.2.1　继电器隔离

继电器是常见的电气隔离器件,从单片机输出继电器线路接法如图 6-23 所示,从机器人输出继电器线路接法如图 6-24 所示。

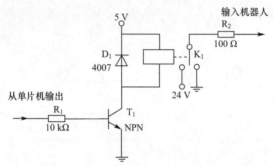

图 6-23　从单片机输出继电器线路接法

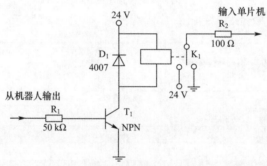

图 6-24　从机器人输出继电器线路接法

该电路驱动简单,成本低廉。当控制电路为高电平时,NPN 晶体管饱和通电,继电器线圈两端得电,继电器 COM 端和 NC 断开,NO 接通,输出电源变成 5 V 或 24 V。此电路若要将单片机和机器人安全隔离,需要两套电源。

6.2.2　光电隔离

光耦合器以光为媒介传输电信号。它对输入、输出电信号有良好的隔离作用。光耦合器一般由三部分组成:光的发射、光的接收及信号放大。输入的电信号驱动发光二极管(LED),使之发出一定波长的光,被光探测器接收而产生光电流,再经过进一步放大后输出。这就完成了电—光—电的转换,从而起到输入、输出隔离的作用。由于光耦合器输入、输出间互相隔离,电信号传输具有单向性等特点,因而具有良好的电绝缘能力和抗干扰能力。光耦合器的输入端属于电流型工作的低阻元件,具有很强的共模抑制能力。因此,它在长线传输信息中作为终端隔离元件可以大大提高信噪比。

　　光电隔离比较实用的电路如图 6-25 和图 6-26 所示,其中图 6-25 为从单片机输出的光电隔离电路,图 6-26 为从机器人输出的光电隔离电路。

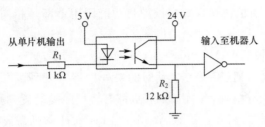

图 6-25　从单片机输出的光电隔离电路

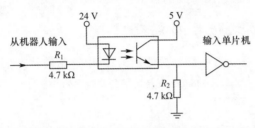

图 6-26　从机器人输出的光电隔离电路

6.2.3　单片机与机器人通信

　　如图 6-27 为单片机控制机器人工作站通信原理。触摸屏传递一个信号给 IRB120 机器人,IRB120 机器人动作完后信号反馈给单片机,单片机反馈给触摸屏。触摸屏和单片机之间采用 Modbus 通信协议进行通信。

图 6-27　单片机控制机器人工作站通信原理

6.3　Modbus 通信协议

6.3.1　Modbus 通信协议概述

　　Modbus 通信协议目前存在用于串口、以太网以及其他支持互联网协议的网络的版本。大多数 Modbus 设备通信通过串口 EIA－485 物理层进行。

　　对于串行连接,存在两个变种,它们在数值数据表示和协议细节上略有不同。Modbus RTU 是一种紧凑的,采用二进制表示数据的方式,Modbus ASCⅡ是一种人类可读的,冗长的表示方式。这两个变种都使用串行通信(Serial Communication)方式。RTU 格式后续的命令/数据带有循环冗余校验的校验和,而 ASCⅡ格式采用纵向冗余校验的校验和。被配置为 RTU 变种的节点不会和设置为 ASCⅡ变种的节点通信,反之亦然。

对于通过 TCP/IP(例如以太网)的连接,存在多个 Modbus/TCP 变种,这种方式不需要校验和计算。

对于所有的这三种通信协议在数据模型和功能调用上都是相同的,只有封装方式是不同的。

Modbus 有一个扩展版本 Modbus Plus(Modbus+或者 MB+),此协议和 Modbus 不同,它是 Modicon 专有的。它需要一个专门的协处理器来处理类似 HDLC 的高速令牌旋转。它使用 1 Mbit/s 的双绞线,并且每个节点都有转换隔离装置,是一种采用转换/边缘触发而不是电压/水平触发的装置。连接 Modbus Plus 到计算机需要特别的接口,通常是支持 ISA(SA85)、PCI 或者 PMCIA 总线的板卡。

6.3.2 Modbus 协议传输功能码

表 6-1 列出了 Modbus 支持的部分功能代码,以十进制表示。

表 6-1　　　　　　　　　　　　Modbus 支持的部分功能代码

功能码	名称	作用
01	读取线圈状态	取得一组逻辑线圈的当前状态(ON/OFF)
02	读取输入状态	取得一组开关输入的当前状态(ON/OFF)
03	读取保持寄存器	在一个或多个保持寄存器中取得当前的二进制值
04	读取输入寄存器	在一个或多个输入寄存器中取得当前的二进制值
05	强置单线圈	强置一个逻辑线圈的通断状态
06	预置单寄存器	把具体二进制值装入一个保持寄存器
07	读取异常状态	取得 8 个内部线圈的通断状态,这 8 个线圈的地址由控制器决定,用户逻辑可以将这些线圈定义。以说明从机状态,短报文适宜于迅速读取状态
08	回送诊断校验	把诊断校验报文送从机,以对通信处理进行评鉴
09	编程(只用于 484)	使主机模拟编程器作用,修改 PC 从机逻辑
10	控询(只用于 484)	可使主机与一台正在执行长程序任务从机通信,探询该从机是否已完成其操作任务,仅在含有功能码 9 的报文发送后,本功能码才发送
11	读取事件计数	可使主机发出单询问,并随即判定操作是否成功。尤其是该命令或其他应答产生通信错误时
12	读取通信事件记录	可使主机检索每台从机的 ModBus 事务处理通信事件记录。如果某项事务处理完成,记录会给出有关错误
13	编程(184/384 484 584)	可使主机模拟编程器功能修改 PC 从机逻辑
14	探询(184/384 484 584)	可使主机与正在执行任务的从机通信。定期控询该从机是否已完成其程序操作,仅在含有功能 13 的报文发送后,本功能码才得发送
15	强置多线圈	强置一串连读逻辑线圈的通断
16	预置多寄存器	把具体的二进制值装入一串连续的保持寄存器
17	报告从机标识	可使主机判断编址从机的类型及该从机运行指示灯的状态
18	(884 和 MICRO 84)	可使主机模拟编程功能,修改 PC 状态逻辑
19	重置通信链路	发生非可修改错误后,是从机复位于已知状态,可重置顺序字节

（续表）

功能码	名称	作用
20	读取通用参数(584L)	显示扩展存储器文件中的数据信息
21	写入通用参数(584L)	把通用参数写入扩展存储文件,或修改
22～64	保留作扩展功能备用	—
65～72	保留以备用户功能所用	留作用户功能的扩展编码
73～119	非法功能	—
120～127	保留	留作内部作用
128～255	保留	用于异常应答

6.3.3 Modbus 通信模式

Modbus 通信模式最主要有三种:RTU 模式、ASCⅡ模式和 TCP 模式。

Modbus TCP 基于以太网和 TCP/IP 协议,Modbus RTU 和 Modbus ASCⅡ则是使用异步串行传输(通常是 RS-232/422/485)。

（1）RTU 模式

地址码 功能码 数据 校验码

一字节 一字节 n 字节 两字节（CRC）

从机都有相应的地址码,便于主机识别,从机地址为 0 到 255,0 为广播地址,248～255 保留。总线上只能有一个主设备,但可以有一个或者多个（最多 247 个 IP 地址 1～247）从设备。

广播模式:主设备向所有的从设备发送请求指令,从设备收到指令后,各自处理,不要求返回应答。在这种模式下,请求指令必须是 Modbus 标准功能中的写指令,如 0x06 功能码,0x10 功能码。

其中数据帧为单位进行数据传输,每帧最长为 252 字节,最短为 0 字节。如果一个 Byte 数据的传输时间为 T,那么每两帧之间的间隔最小应该要大于 3.5T,否则从机不能分辨这是两帧。同一帧连续的两个数据之间的间隔时间不能超过 1.5T,否则节点会认为这一帧数据不完整。

例如:发送:09 03 00 04 00 03 XX

主站告诉从站 09,要读取的地址偏移为 4、5、6 的 Holding Register 的数值。其中"03"是读 Holding Register 的功能码,"00 04 00 03"是数据区,"00 04"是寄存器的地址,"00 03"说明要连续读三个寄存器的值。"XX"代表最后的校验位。

接收:09 03 06 02 2B 00 01 00 64 XX

从站回应该地址偏移为 4 的寄存器值为 02 2B,地址偏移为 5 的寄存器值为 00 01,地址偏移为 6 的寄存器值为 00 64。其中"09 03"是复制了主站发来的地址和功能码,"06"代表接下来的数据共有 6 个字节。

（2）ASCⅡ模式

起始 地址码 功能码 数据 校验 回车换行

字符':'(冒号) 两字节 两字节 0 到 2 * 252 字节 两字节（LRC 校验）

两字节(CR,LF)

帧的起始一字符冒号':'开始,结束为回车换行,其对应的16进制可以到ASCⅡ表中进行查询。字节间传输的间隔时间不能大于1s,大于1s认为这一帧数据丢失。同样可以计算出ASCⅡ帧的最大长度是513字节。

RTU使用CRC校验,ASCⅡ使用LRC校验。

(3)TCP模式

Modbus TCP的数据帧可分为两部分:MBAP+PDU。

主站为Client端,主动建立连接;从站为Server端,等待连接。

①报文头MBAP

MBAP为报文头,长度为7字节,组成如下:

事务处理标识　　协议标识　　长度　　单元标识符

2字节　　　　2字节　　　　2字节　　　1字节

事务处理标识:可以理解为报文的序列号,每次通信之后就要加1,以区别不同的通信数据报文。

协议标识符:00　00表示ModbusTCP协议。

长度:表示接下来的数据长度,单位为字节。

单元标识符:可以理解为设备地址。

②帧结构PDU

PDU由功能码+数据组成。功能码为1字节,数据长度不定,由具体功能决定。

例如:发送:01　c8　00　00　00　06　01　03　00　14　00　0a

序列号:01　c8,协议标识符:00　00,长度:00　06,单元标识符/服务器地址:01,功能码:03,寄存器地址:00　14,读取几位数据:00　0a。

接收:01　c8　00　00　00　17　01　03　14　00　00　00　00　00　00　00　00　00　00　00　00　00　01　00　00　00　00　03　00　00

序列号:01　c8,协议标识符:00　00,长度:00　17,单元标识符/服务器地址:01,功能码:03,数据长度:14,数据:就是后面的在第6位和第9位有数据。

下一条数据序列号就会加一,结果变为01　c9。

练习题

1.画出机器人通过继电器控制PLC的接口电路。

2.光电耦合作为输入/输出隔离的优点和缺点分别有哪些?

3.在示教器上配置Profinet设备的主要步骤有哪些?

4.在单片机和机器人之间建立3个输入和3个输出(机器人),设计接口电路。

5.设计一个用MCGS触摸屏控制单片机,用单片机控制电动机的Modbus通信程序。

第 7 章
工业机器人编程和轨迹规划

工业机器人编程是针对机器人为完成某项作业而进行的程序设计。它通过对机器人动作的描述,使机器人按照既定运动和作业指令完成编程者想要的各种操作。通俗地讲,如果把硬件设施比作机器人的躯体,控制器比作机器人的大脑,那么程序就是机器人的思维,让机器人知道该做什么,而人赋予机器人思维的过程就是编程。

7.1 机器人的编程方式

工业机器人常用编程方法有示教编程和离线编程。在调试阶段,将编译好的程序通过示教器进行逐步调试、修正,所有程序全部调试完成后即可投入使用。一般情况下,机器人的编程系统必须做到以下几点:

1.能够建立参考坐标系

在进行工业机器人编程时,需要描述机器人及工作站其他组件在三维空间内的运动方式和相对位置关系,因此,需要创建参考坐标系——大地坐标系,也称世界坐标系。为了方便机器人工作,也可以建立其他坐标系,如工具坐标系、工件坐标系等。但需要同时建立这些坐标系与机座坐标系的变换关系。机器人编程系统应具有在各种坐标系下描述物体位姿的能力和建模能力。

2.能够描述机器人作业

机器人作业的描述与其环境模型密切相关,编程语言水平决定了描述水平。现有的机器人语言需要给出作业顺序,由语法和词法定义输入语句,并由它描述整个作业过程。例如,装配作业可描述为世界模型的一系列状态,这些状态可由工作空间内所有物体的位姿给定。这些位姿也可利用物体间的空间关系来说明。

3.能够描述机器人运动

描述机器人需要进行的运动是机器人编程语言的基本功能之一。用户能够运用语言中的运动语句,与路径规划器连接,允许用户规定路径上的点及目标点,决定是否采用点插补运动或笛卡尔直线运动,用户还可以控制运动速度或运动持续时间。

4.允许用户规定执行流程

同一般的计算机编程语言一样,机器人编程系统允许用户规定执行流程,包括试验、转移、循环、调用子程序以至中断等。

5.具有良好的编程环境

同任何计算机系统一样,一个好的编程环境有助于提高程序员的工作效率。

7.1.1 示教编程

所谓示教,即机器人学习的过程,在这个过程中,示教人员或操作者要手把手教会机器人完成某些动作。示教编程分为以下三个步骤:

(1)示教:示教人员或操作者根据机器人的作业任务,把机器人末端执行器送至目标位置。

(2)存储:在示教的过程中,机器人控制系统将这一运动过程和各关节位姿参数存储到机器人的内部存储器中。

(3)再现:当需要机器人工作时,机器人控制系统会调用存储器中的对应数据,驱动关节运动,再现操作者的手动操作过程,从而完成机器人作业的不断重复和再现。

优点:示教操作时不需要操作者具备复杂的专业知识,操作简单易掌握,主要用于一些任务简单、轨迹重复、定位精度要求不高的场合,如焊接、码垛、喷涂以及搬运等。

缺点:很难示教一些较复杂的运动轨迹,且重复性差,无法与其他机器人配合操作。

▶ 例 7-1 完成如图 7-1 所示焊接工件的焊接过程,焊点顺序为 1、2、3、4、5、6。

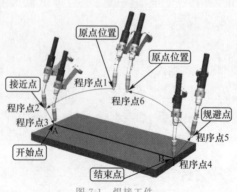

图 7-1 焊接工件

1.示教基本流程,如图 7-2 所示。

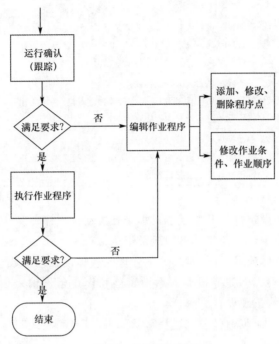

图 7-2　示教基本流程

2.示教步骤

(1)示教前的准备

①工件装夹,安全确认。

②机器人回机械原点。

③参考坐标工具坐标系和工件坐标系创建。

(2)创建作业程序

作业程序是用机器人语言描述机器人工作单元的作业内容,主要用于输入示教数据和机器人指令。程序点示教见表 7-1。

表 7-1　程序点示教

程序点	示教方法
程序点 1 (机器人原点位置)	① 工具坐标系、工件坐标系建立完成后,手动操纵机器人移动至原点位置。 ② 将程序点属性设定为"空走点",插补方式选"关节插补"。 ③ 将程序点 1 设置为机器人原点位置
程序点 2 (作业接近点)	① 手动操纵机器人移动至作业接近点。 ② 将程序点属性设定为"空走点",插补方式选"关节插补"。 ③ 将作业接近点设置为程序点 2
程序点 3 (作业开始点)	① 手动操纵机器人移动至作业起始点。 ② 将程序点属性设定为"作业点/焊接点",插补方式选"直线插补"。 ③ 将作业起始点设置为程序点 3

（续表）

程序点	示教方法
程序点 4 （作业结束点）	① 手动操纵机器人移动至作业结束点。 ② 将程序点属性设定为"空走点"，插补方式选"直线插补"。 ③ 将作业结束点设置为程序点 4
程序点 5 （作业规避点）	① 手动操纵机器人移动至作业规避点。 ② 将程序点属性设定为"空走点"，插补方式选"直线插补"。 ③ 将作业规避点设置为程序点 5
程序点 6 （机器人原点位置）	① 手动操纵机器人移动至原点位置。 ② 将程序点属性设定为"空走点"，插补方式选"关节插补"。 ③ 将机器人原点位置设置为程序点 6

（3）设定作业条件和作业顺序

①作业开始命令中设定焊接开始规范及焊接开始动作次序。

②在焊接结束命令中设定焊接结束规范及焊接结束动作次序。

③手动调节保护气体流量，在编辑模式下合理配置焊接工艺参数。

检查试运行：手动模式下完成机器人运动轨迹和作业条件输入后，需要试运行测试程序，确保各程序点及参数正确设置。

再现运行：试运行无误后，将"模式选择"调至"再现/自动模式"，通过运行示教器的程序即可完成对工件的再现运行。

7.1.2 离线编程

机器人离线编程是在线示教编程的扩展。机器人离线编程是利用计算机图形学的成果，在专门的软件环境下，建立机器人工作环境的几何模型，再利用一些规划算法，通过对图形的控制和操作，在离线情况下进行机器人轨迹规划编程的一种方法。Robot Studio 是市场上离线编程的主流产品，是针对 ABB 机器人开发的，它包含 ABB 机器人的所有型号，可以在软件中模拟真实工作环境，同时具备虚拟示教器对机器人实现操纵、编程和参数设置等功能，可以将在虚拟环境做好的项目导入现场控制器中，减少现场操纵机器人的时间。

1.Robot Studio 软件的主要功能如下

（1）可以减少机器人非工作时间。当对机器人进行下一个任务编程时，机器人仍可在生产线上工作，离线编程不占用机器人的工作时间。

（2）可以模拟真实环境。Robot Studio 可以利用模拟示教器进行操纵和编程，可以进行工作站中机器人的动作模拟仿真和周期节拍设计。

（3）CAD 导入。Robot Studio 可以直接导入各种 CAD 格式文件，包括 STEP、IGEA、SAT、ACIS 等，通过 3D 软件绘制现场等比模型，使程序员可以更为精确地按照轨迹设计程序，从而提高产品质量。

（4）自动路径生成。Robot Studio 可以通过待加工产品模型快速自动生成轨迹路径。

（5）碰撞检测。Robot Studio 软件中可对机器人在运动过程中是否会与周边设备发生碰撞进行仿真。

（6）在线作业。使用 Robot Studio 软件与现场机器人控制器进行连接通信，可以对机器人进行实时监控、程序修改、参数设定、文件传送等操作。

（7）二次开发。提供强大的二次开发平台,使机器人实现更多的应用,满足对机器人的科研需求。

2. 离线编程仿真项目基本流程

（1）工作站布局。使用 Robot Studio 软件工作站完成模型布局、创建工具、创建机械装置、工作站完整布局等。

（2）创建系统。创建机器人系统、机器人总线,创建 IO 信号,创建 Smart 组件系统、Smart 组件逻辑、Smart 组件信号的连接和属性的连接。

（3）工作站逻辑设计。利用 Smart 组件信号通信、机器人信号通信、工作站信号通信。

（4）运动轨迹规划。使用 Robot Studio 软件完成运动环境配置(工件数据设定、工具数据设定、运动指令设定)、目标点示教(手动、自动)、机器人轴配置,目标点添加到路径、路径规划、工作站同步(同步到 RAPID)。

（5）程序设计。主程序设计,编辑调试程序,工作站调试,工作站各系统信号逻辑,路径调试参数配置,轴配置、程序调试,仿真播放(录制视图)。

3. 离线编程系统流程架构

典型的机器人离线编程系统的软件架构,主要由建模模块、工作站布局模块、RAPID 编程模块、仿真调试模块、程序生成及通信模块组成。离线编程流程架构如图 7-3 所示。

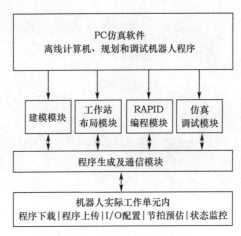

图 7-3 离线编程流程架构

①建模模块:离线编程系统的基础,为机器人和工件的编程与仿真提供可视的三维几何造型。

②工作站布局模块:按照机器人实际工作单元的安装格局,在仿真环境下进行整个机器人系统模型的空间布局。

③RAPID 编程模块:包括运动学计算、轨迹规划等,前者是控制机器人运动的依据;后者用来生成机器人关节空间或直角空间里的轨迹。

④仿真调试模块:检验编制的机器人程序是否正确、可靠,一般具有碰撞检查功能。

⑤程序生成:把仿真系统所生成的运动程序转换成被加载机器人控制器可以接受的代

码指令,以命令机器人工作。

⑥通信模块:离线编程系统的重要部分分为用户接口和通信接口,前者设计成交互式,可利用鼠标操作机器人的运动;后者负责连接离线编程系统与机器人控制器。

4.离线编程示例

▷ **例 7-2** 综合应用 Smart 组件设计工具,实现输送线的动态效果,输送线前端自动生成产品,产品随着输送线向前运动至末端后停止运动,产品被移走后再次生成产品,重复前面动作。

(1)创建工业机器人工作站

本工作站包括 IRB460 工业机器人 1 台,机器人底座 1 个,输送线 1 条,周边护栏 1 个,产品 1 个,吸盘 1 个,左垛板 1 个,右垛板 1 个。工作站布局如图 7-4 所示。

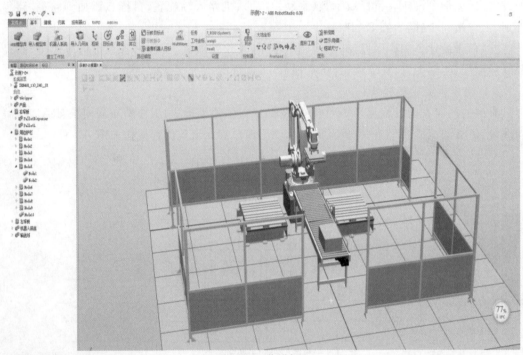

图 7-4 工作站布局

(2)工作站输送线动态效果设计

①输送线产品源设定

Smart 组件的子组件"Source"可用于"创建一个图形组件的拷贝",即可用于产品源的复制设置。其操作如图 7-5 至图 7-7 所示。

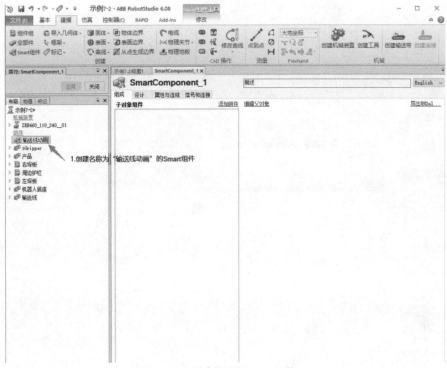

图 7-5　创建输送线 Smart 组件

图 7-6　创建动作 Source 拷贝产品源

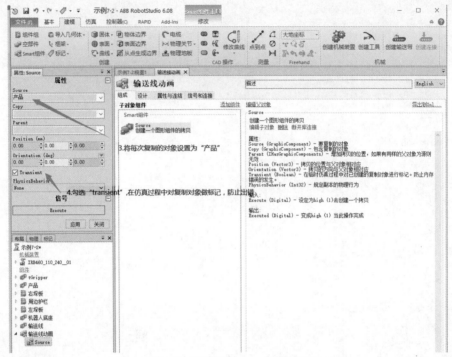

图 7-7　创建动作 Source 参数设置

②创建输送线动作设定

子组件"Queue"可以将同类型组件做队列处理,可以将产品源的复制品作为"Queue"随着输送线一起运动,"LinearMover"表示线性运动,可以设置输送线的运动动作,具体操作如图 7-8 至图 7-10 所示。

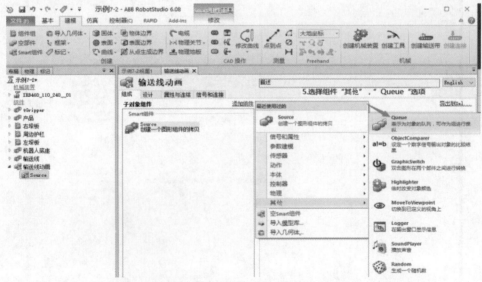

图 7-8　创建动作 Queue 子组件

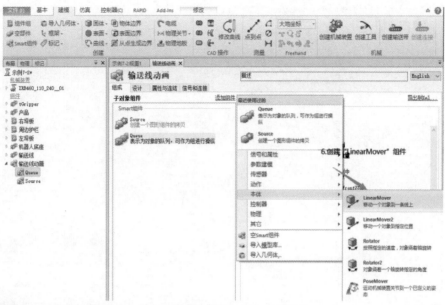

图 7-9　创建动作 LinearMover 子组件

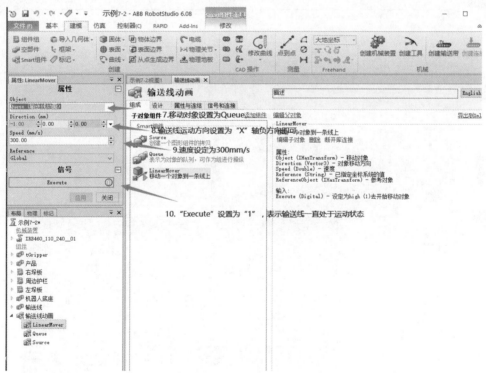

图 7-10　创建动作 LinearMover 属性设置

③创建输送线面传感器设定

当产品随着输送线运动到末端时能够自动停止,这需要在输送线末端安装面传感器,设置方法如图 7-11、图 7-12 所示。

图 7-11 创建面传感器 PlaneSensor

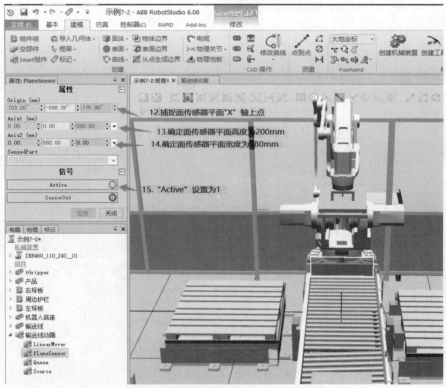

图 7-12 面传感器 PlaneSensor 属性设置

　　由于虚拟传感器一次只能检测一个部件,为了在运动过程中检测产品不出错,输送线需要取消传感器检测设置。具体操作如图 7-13 所示。

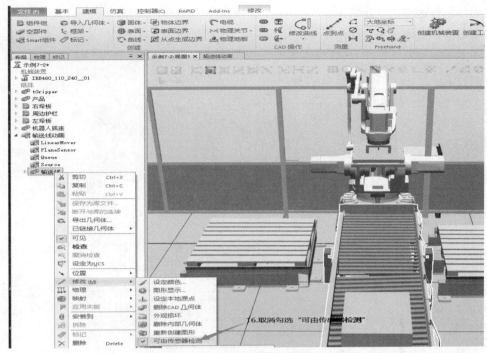

图 7-13 取消传感器检测设置

④创建输送线属性连结设定

属性和信号连结是将两个具有关联的组件连结起来,实现联动。具体操作如图 7-14 所示。

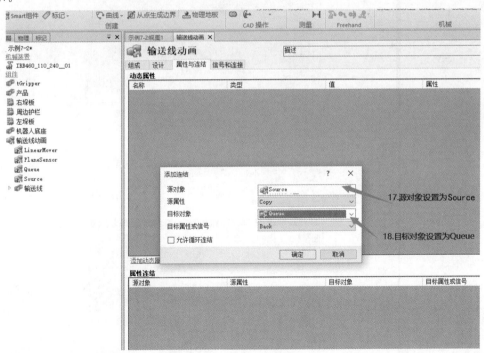

图 7-14 属性连结设置

⑤创建输送线信号连结设定

输送线信号连结实现输送线与信号的关联、复制产品进入队列、产品在输送线上运动、产品在末端被检测等操作,具体操作如图 7-15 至图 7-23 所示。

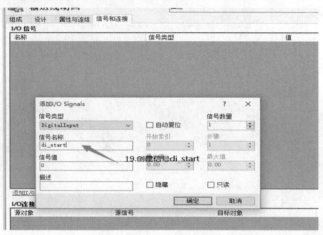

图 7-15　di_start 信号创建

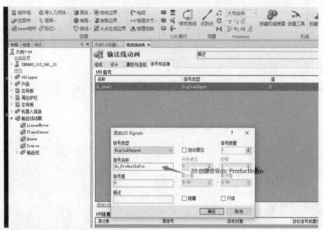

图 7-16　do_ProductInPos 信号创建

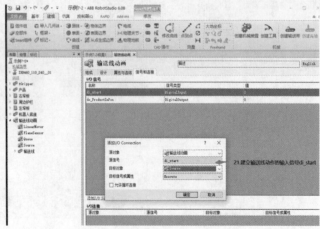

图 7-17　输送线动作与 di_start 信号关联

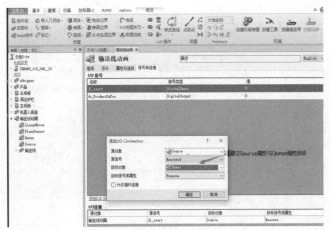

图 7-18　建立 Source 属性与 Queue 属性连结

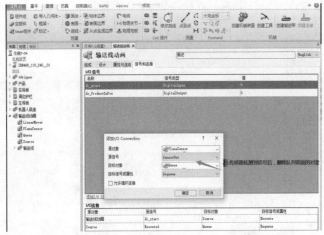

图 7-19　建立 PlaneSensor 属性与 Queue 属性连结

图 7-20　建立 PlaneSensor 属性与输送线动画属性连结

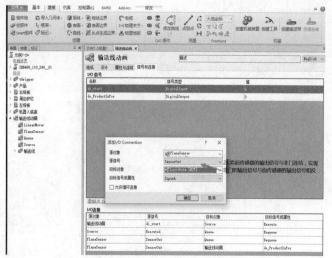

图 7-21　建立 PlaneSensor 属性与非门属性连结

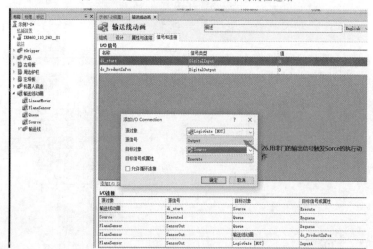

图 7-22　建立非门属性与 Source 属性连结

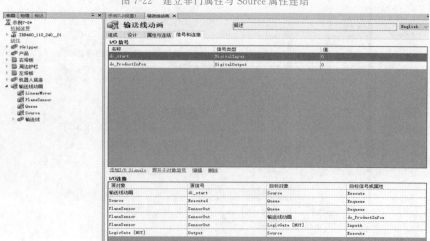

图 7-23　I/O 信号与 I/O 信号连结

（3）工作站末端操作器动态效果设计

①夹具属性的设定

吸盘夹具 Smart 动画设置时，需要先将夹具从机器人上拆除，然后再拖至末端操作器的动画中，具体操作如下图 7-24 至 7-26 所示：

图 7-24　创建末端操作器 Smart 动画

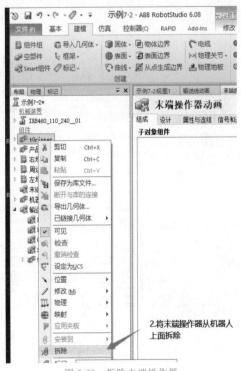

图 7-25　拆除末端操作器

图 7-26　安装末端操作器动画

②检测传感器的设定

　　吸盘夹具需要吸附产品和放置产品,吸盘上传感器的设置如图 7-27 至图 7-29 所示。其中传感器在检测时只能检测一个部件,因此,吸盘不可由传感器检测,需要取消检测设置。

图 7-27　新建线传感器 LinearSensor

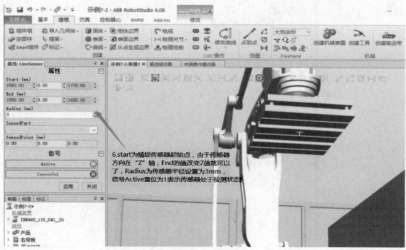

图 7-28　线传感器 LinearSensor 的属性设置

图 7-29 取消末端操作器传感器检测

③拾取和放置动作的设定

产品到位后吸盘拾取产品和放置产品至垛板上,具体操作如图 7-30 至图 7-33 所示。

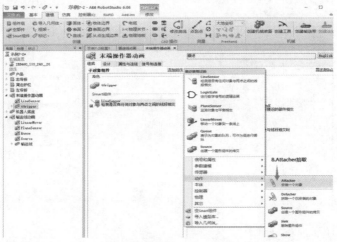

图 7-30 设定 Attacher 拾取

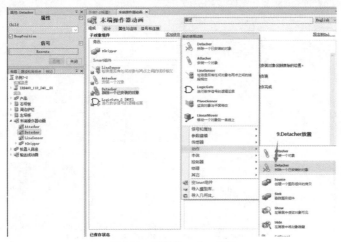

图 7-31 设定 Detacher 放置

图 7-32　设定非门

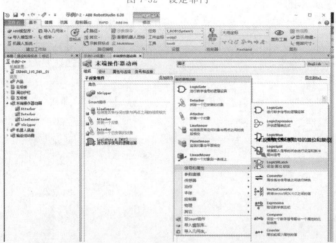

图 7-33　设定真空反馈信号置位和复位组件

④属性与连结的创建

吸盘动作属性设置如图 7-34、图 7-35 所示。

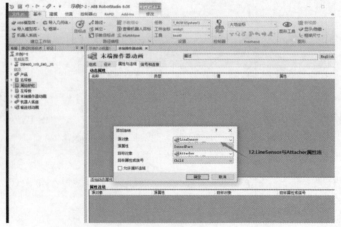

图 7-34　设定 LineSensor 与 Attacher 属性连结

图 7-35 设定 Attacher 与 Detacher 属性连结

⑤信号和连接的创建

吸盘动画信号和连接设置操作如图 7-36 至图 7-45 所示。具体包括 I/O 信号创建、信号与传感器连接、传感器与取件和放件连接等。

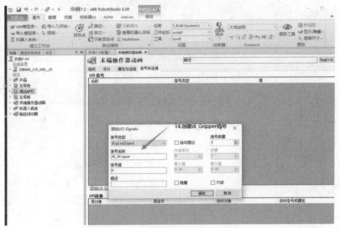

图 7-36 创建 di_Gripper 信号

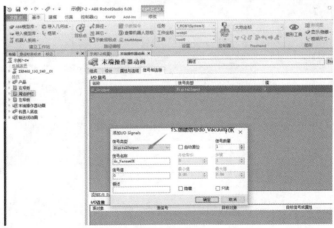

图 7-37 创建信号 do_VacuumOK

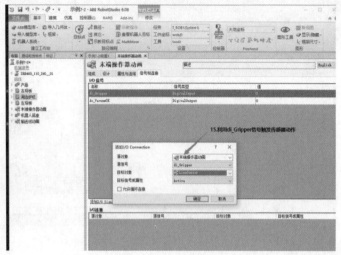

图 7-38　创建 di_Gripper 信号与传感器关联

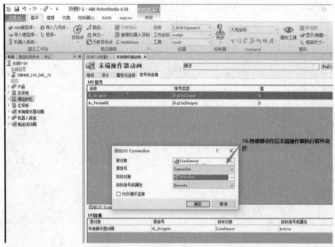

图 7-39　创建传感器与取件动作关联

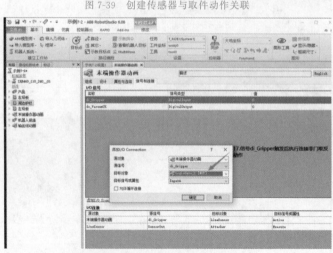

图 7-40　di_Gripper 信号与非门逻辑关联

图 7-41 非门逻辑与 Detacher 动作关联

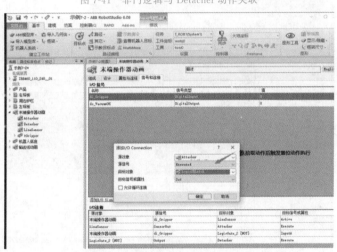

图 7-42 拾取动作与真空信号置位关联

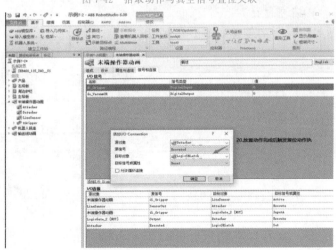

图 7-43 放置动作与真空信号复位关联

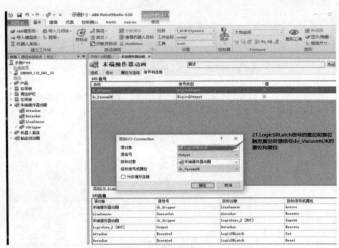

图 7-44　LogicSRLatch 与 do_VacuumOK 信号关联

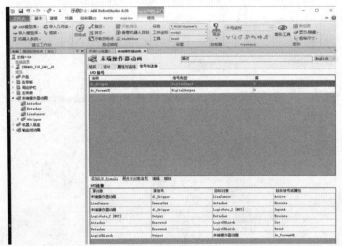

图 7-45　I/O 连接

(4)机器人的 I/O 信号设定

机器人工作站 I/O 信号的创建如图 7-46 所示。

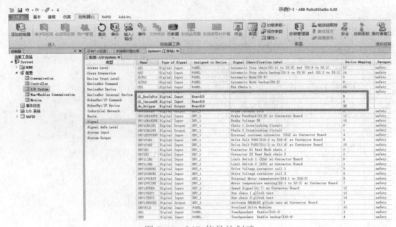

图 7-46　I/O 信号的创建

(5)设定工作站逻辑

工作站逻辑设置将末端操作器动画、输送线动画与机器人 I/O 信号连接,实现机器人搬运码垛动作。具体操作如图 7-47 至图 7-49 所示。

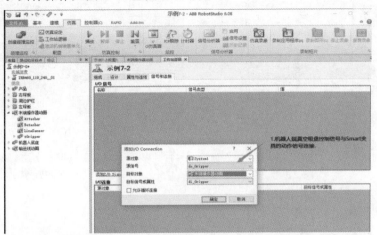

图 7-47 机器人真空信号与吸盘动作信号连接

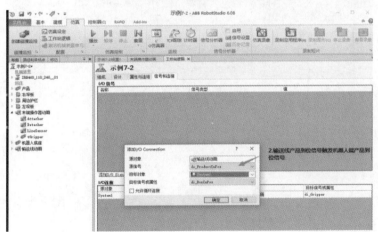

图 7-48 do_ProductInPos 信号与 di_BoxInPos 信号连接

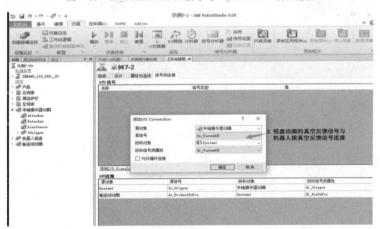

图 7-49 do_VacuumOK 信号与 di_VacuumOK 信号连接

142 机器人技术及应用

（6）工作站程序解析与仿真调试设定

①产品码垛共分两层，摆放位置如图 7-50、图 7-51 所示。

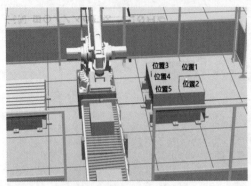

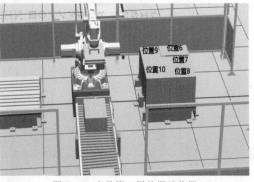

图 7-50　产品第一层的摆放位置　　　　　图 7-51　产品第二层的摆放位置

②参考程序

机器人实现搬运码垛程序，如图 7-52 至图 7-54 所示。

图 7-52　工作站程序 1

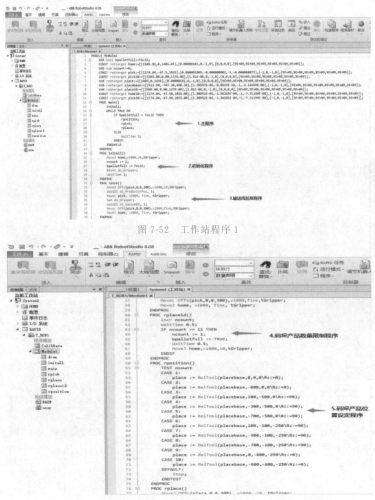

图 7-53　工作站程序 2

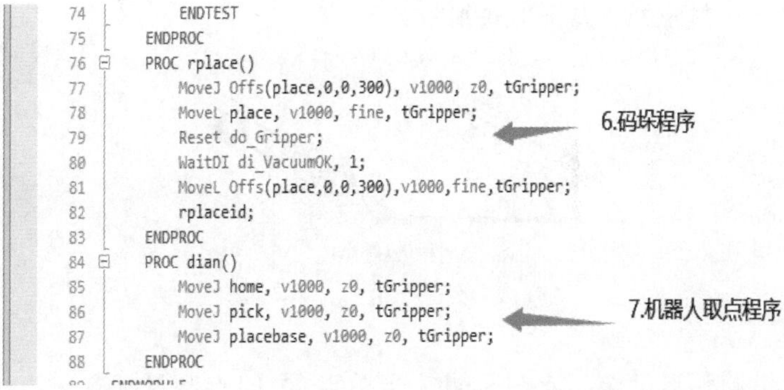

```
74          ENDTEST
75      ENDPROC
76  ⊟  PROC rplace()
77          MoveJ Offs(place,0,0,300), v1000, z0, tGripper;
78          MoveL place, v1000, fine, tGripper;
79          Reset do_Gripper;                              6.码垛程序
80          WaitDI di_VacuumOK, 1;
81          MoveL Offs(place,0,0,300),v1000,fine,tGripper;
82          rplaceid;
83      ENDPROC
84  ⊟  PROC dian()
85          MoveJ home, v1000, z0, tGripper;
86          MoveJ pick, v1000, z0, tGripper;               7.机器人取点程序
87          MoveJ placebase, v1000, z0, tGripper;
88      ENDPROC
```

图 7-54 工作站程序 3

7.2 机器人运动指令

ABB 工业机器人在编程前,首先需要构建必要的环境,其中包括工具数据 Tooldata、工件数据 Wobjdata 和载荷数据 Loaddata,然后确定机器人的运动轨迹和坐标系,最后根据运动轨迹编写程序。本节主要介绍机器人常用的运动指令。

7.2.1 一般指令

1.关节运动指令 MoveJ

将机器人 TCP 快速移动至给定目标点,运行轨迹不一定是直线。当运动路径不是直线或者精度要求不高时,可用 MoveJ 指令快速将机器人移动至目标点。关节运动指令适合机器人大范围运动时使用,不容易在运动过程中出现轴超出运动范围或机械死点等问题。

▶ 例 7-3 关节运动路径如图 7-55 所示,机器人 TCP 从当前位置 p10 处运动至 p20 处,运动轨迹不一定为直线。其程序可按如下形式编写:

MoveJ p20,v1000,z50,tool1 \WObj:=wobj1;

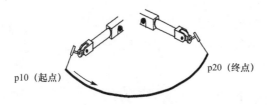

p10(起点)   p20(终点)

图 7-55 关节运动路径

2.直线运动指令 MoveL

将机器人 TCP 沿直线运动至给定目标点,机器人的运动状态可控,运动路径保持唯一,但是不能离太远,否则容易出现奇异点。适用于对路径精度要求较高的场合,如焊接、切割、涂胶等。

▶ 例 7-4 直线运动路径如图 7-56 所示,机器人 TCP 从当前位置 p10 处运动至 p20

处,运动轨迹为直线。其程序可按如下形式编写:

MoveL p20,v1000,z50,tool1\WObj：=wobj1;

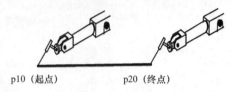

p10（起点）　　　　p20（终点）

图 7-56　直线运动路径

3.圆弧运动指令 MoveC

将机器人 TCP 沿圆弧运动至给定目标点。当前点、中间点和目标点三点决定一段圆弧,其中,当前点为圆弧起始点,中间点为圆弧的曲率半径,目标点为圆弧段的终点。机器人的运动状态可控,运动路径保持唯一。MoveC 在做圆弧运动时一般不超过 240°。

▶例 7-5　　圆弧运动路径如图 7-57 所示,机器人的当前位置 p10 作为圆弧的起点,p20 是圆弧上的一点,p30 作为圆弧的终点。其程序可按如下形式编写:

MoveC p20,p30,v1000,z50,tool1 \WObj：=wobj1;

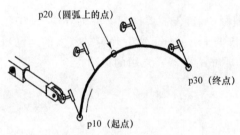

p20（圆弧上的点）

p30（终点）

p10（起点）

图 7-57　圆弧运动路径

4.绝对位置运动指令 MoveAbsJ

将机器人各关节轴运动至给定位置。机器人的运动状态不可控,运动过程中不存在机械死点,一般用于机器人回到机械原点等操作。

▶例 7-6　　ABB 机器人回到机械原点的程序如下:

PERS jointtarget jpos10：=[[0,0,0,0,0,0],[9E＋09,9E＋09,9E＋09,9E＋09,9E＋09,9E＋09]];

关节目标点数据中各关节轴为零度:

MoveAbsJ jpos10,v1000,z50,tool1\WObj：=wobj1;

则机器人运行至各关节轴零度位置。

7.2.2 特殊函数指令

简单运算函数指令及用途见表 7-2。

表 7-2　　　　　　　　　　简单运算函数指令及用途

指令	用途
Clear	清空数值
Add	加或减操作
Incr	加 1 操作
Decr	减 1 操作

> 例 7-7　　　Add num1,2;

将 2 增加到 num1,即 num1＝num1＋2。

> 例 7-8　　　Incr num2;

将 1 增加到 num2,即 num2＝num2＋1。

算术函数指令及用途见表 7-3。

表 7-3　　　　　　　　　　算术函数指令及用途

指令	用途
Abs	取绝对值
Round	四舍五入
Trunc	舍位操作
Sqrt	计算二次根
Exp	计算指数值 e^x
Cos	计算余弦值
Sin	计算正弦值
Tan	计算正切值
ACos	计算圆弧余弦值
ASin	计算圆弧正弦值
ATan	计算圆弧正切值

位函数指令及用途见表 7-4。

表 7-4　　　　　　　　　　位函数指令及用途

指令	用途
BitClear	清除已定义字节或 dnum 数据中的一个特定位
BitSet	已定义字节或 dnum 数据中的一个特定位设为 1
BitAnd	在数据类型字节上执行一次逻辑运算 AND 运算
BitCheck	检查已定义字节数据中的某个特定位是否被设置为 1
BitNeg	在数据类型字节上执行一次逻辑位非运算
BitOr	在数据类型字节上执行一次逻辑位或运算

位置函数指令及用途见表 7-5。

表 7-5　　　　　　　　　　　位置函数指令及用途

指令	用途
Offs	设置机器人位置偏移
RelTool	对工具的位置和姿态角度进行偏移
CPos	读取机器人当前的 X、Y、Z
CRobT	读取机器人当前的位置
CJointT	读取机器人当前的关节轴角度
CTool	读取工具坐标当前数据
CWobJ	读取工件坐标当前数据

7.2.3 循环指令

循环指令又称为程序流程控制指令，循环指令及用途见表 7-6。

表 7-6　　　　　　　　　　　循环指令及用途

指令	用途
IF	基于是否满足条件，执行指令序列
FOR	重复一段程序多次
WHILE	重复指令序列，直到满足给定条件
TEST	基于表达式的数值执行不同的指令

1. IF 语句

IF 条件判断指令，满足不同的条件，执行对应程序。条件判断的条件数量可以根据实际情况进行增加或减少。

▶ 例 7-9　　如果 reg1>5 条件满足，则执行 Set Do1 指令。

执行程序：IF reg1> 5THEN

　　　　　　Set do1；

　　　　　ENDIF

▶ 例 7-10　　如果 num1 为 1，则 flag1 会赋值为 TRUE；如果 num1 为 2，则 flag1 会赋值为 FALSE。除了以上两种条件之外，则执行 do1 置位为 1

执行程序：IF num1＝1THEN

　　　　　Flag1：＝TRUE；

　　　　　ELSEIF num1＝2THEN

　　　　　Flag1：＝FALSE；

　　　　　ELSE

　　　　　Set do1；

　　　　　ENDIF

2. FOR 语句

FOR 重复执行判断指令，适用于一个或多个指令需要重复执行数次的情况。

> **例 7-11** 例行程序 Routine1,重复执行 10 次。

执行程序:FOR i FROM 1 　TO 10 　DO

　　　　　　Routine1;

　　　　　　ENDFOR

3.WHILE 语句

WHILE 条件判断指令,适用于在给定的条件满足的情况下,一直重复执行对应的指令。

> **例 7-12** 在 num1>num2 满足的情况下,就一直执行 num1:=num1-1 的操作。

执行程序:WHILE num1> num2DO

　　　　　　num1:=num1-1;

　　　　　　ENDWHILE

4.TEST 语句

TEST 指令的功能与 IF 指令非常接近,根据 test 条件不同执行不同的程序。

> **例 7-13** 如果 num1=1,则 flag1 会赋值为 TRUE;如果 num1=2,则 flag1 会赋值为 FLASE;除了这两种条件外,则执行 do1 置位为 1。

执行程序:TEST num1

　　　　　　CASE 1;

　　　　　　flag1=TRUE;

　　　　　　CASE 2;

　　　　　　flag1=FLASE;

　　　　　　DEFAULT;

　　　　　　SET do1;

　　　　　　ENDTEST

练习题

1.工业机器人常用的编程方法有哪些?每种方法必须要做到哪些内容?

2.简述工业机器人示教编程和离线编程的区别。

3.如图 7-58 所示,试编写出运动程序。

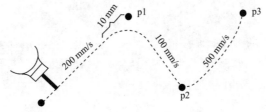

图 7-58 题 3 图

4.试用所学指令编写程序完成下列要求:如果 a=1,则机器人执行例行程序 Routine1;如果 a=2,则机器人执行例行程序 Routine2;如果 a=3,则机器人执行例行程序 Routine3,否则机器人回到机械原点,停止运动。

第 8 章

机器人系统集成应用案例

机器人系统集成商作为我国工业机器人市场的主力军,虽然规模普遍不大但数量众多。机器人系统集成商处于机器人产业链的下游应用端,为终端客户提供应用解决方案,负责工业机器人软件系统开发和硬件集成,是机器人产业发展的基石,是机器人产业实现商业化、规模化的关键。随着人工智能和智能制造等新技术升级节奏加快,智能化、无人化、少人化的制造模式才是制造业的发展方向,虽然这在短期内是挑战,但却是未来的长期利好。

一个完整机器人系统的调试开发即机器人的系统集成。从机器人系统集成整个产业来看,机器人主要应用于汽车制造业及其零部件制造业、食品与药品行业、机械加工行业、家具制造业、电子电气行业、塑料与橡胶行业以及木材加工行业等,如图 8-1 所示。

图 8-1　机器人集成系统在汽车装配生产线上的应用

总之,工业机器人系统集成产业的发展,不论是在国内还是在国际上都迎来了一个快速发展时期。中国制造 2025、德国"工业 4.0"等战略的提出,旨在提升本国智能制造的水平,而智能制造的核心就在于机器人系统的集成产业。本章将以搬运码垛工作站、焊接工作站、装配工作站和压铸检测入库工作站等机器人集成应用案例为对象,介绍系统集成的相关知识和场景的应用情况。

8.1   搬运码垛机器人工作站

8.1.1 搬运码垛机器人工作站的组成

（1）工作站的组成部分

工作站的组成部分主要包括码垛机器人本体（IRB460_110_240_01）、控制柜（IRC5_Control-Module）、空压机、末端吸盘、传送带、产品（啤酒饮料）、垛盘、防护栏等硬件。

（2）工作站的整体布局

将所有的硬件组装成搬运码垛机器人工作站，如图 8-2 所示。

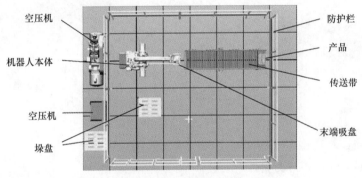

图 8-2　搬运码垛机器人工作站的整体布局

（3）工作过程

首先产品沿着传送带向机器人处移动，到达传送带尽头时停止运动，给机器人发送到位信号，机器人接收到信号后向下运动执行抓取的动作，通过连接在吸盘上的线传感器触碰到产品后，执行吸附动作。然后放到码垛的指定位置，到达位置之后线传感器释放信号，码垛机器人完成释放的动作后，回到抓取位置，重复抓放过程。最终实现每层五个，一共六层的码垛顺序，最终的码垛效果如图 8-3 所示。

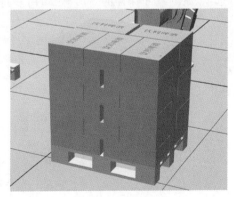

图 8-3　产品码垛效果

8.1.2　搬运末端选型与安装

（1）选型

由于码垛的产品多样性，单靠夹持货物的夹取方式无法满足使用需求，而且容易损坏产品。真空吸附式抓取就完美地避免了这些问题，它采用真空发生器和真空吸盘。安全性好，能够快速地完成生产任务，而且可以适应绝大多数货物的搬运，相比夹持式末端执行器具有一定的优势。从吸盘的结构来看，可以把它分成四大部分：主体、主体支架、支架加连接杆和橡胶底部。其中吸盘主体的尺寸为 250 mm×200 mm×120 mm，吸盘总体效果如图 8-4 所示。

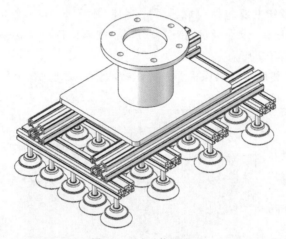

图 8-4　吸盘总体效果

（2）在 Robot Studio 仿真软件中安装

将组装完成的吸盘保存为 STEP 格式，打开所建的工作站，选择"基本"→"导入几何体"选项，找到刚才保存的 STEP 文件，并打开。修改吸盘主体中心为本地原点，设定位置如图 8-5 所示。

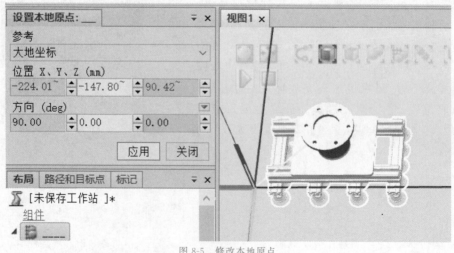

图 8-5　修改本地原点

创建框架位置为 Z 轴向下 230 mm,方向绕 Y 轴旋转 180°,如图 8-6 所示。

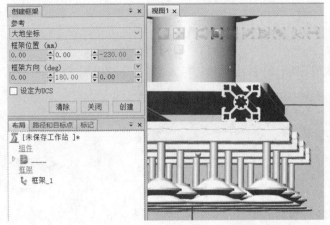

图 8-6 创建框架

选择"建模"→"创建工具"选项,将"Tool 名称"设置为"MyTool",选中"使用已有的部件"单选按钮,单击"下一个"按钮,如图 8-7 所示。

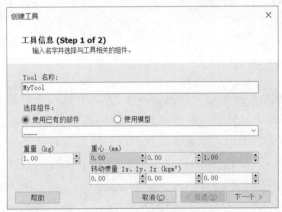

图 8-7 创建工具 1

选择"数值来自目标点/框架"下拉列表中"框架_1"选项,选择向右的箭头,单击"完成"按钮,如图 8-8 所示。

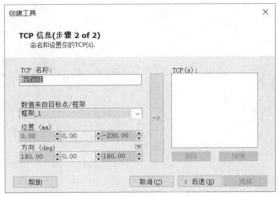

图 8-8 创建工具 2

最终完成后会出现工具图标,如图 8-9 所示。

图 8-9　工具图标

用鼠标选中工具图标,将它拖拽到机器人上,就完成了组装,显示界面如图 8-10 所示。

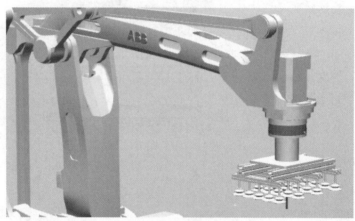

图 8-10　安装完成

8.1.3　搬运码垛方案

生产线将生产完成的产品输送到产品抓取工位,由定位调整装置将其定位后,将信号发送给机器人,机器人抓取产品到码垛位置进行码垛,码垛完成后,由垛箱输出传送线,将垛箱输出到升降梯的位置,机器人则在放置架抓取产品并将其放置到码垛工位,重复抓取产品进行新垛的码放。机器人搬运码垛局部路径示意如图 8-11 所示。

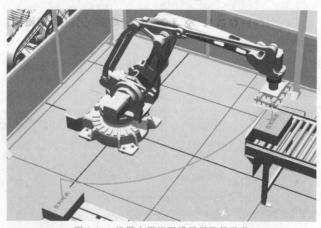

图 8-11　机器人搬运码垛局部路径示意

机器人码垛工作流程如图 8-12 所示。

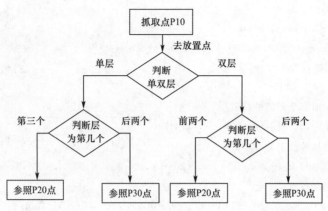

图 8-12　机器人码垛工作流程

8.1.4　搬运程序设计与调试

实现本搬运码垛机器人项目的 Rapid 程序如下：

```
MODULE Module
    CONST robtarget Target_10:=[[1931.098832013,−0.793529723,868.786733868],[0,0,
1,0],[−1,0,−1,0],[9E+09,9E+09,9E+09,9E+09,9E+09,9E+09]];
    CONST robtarget Target_20:=[[74.999684735,−1350.001798095,135.000025105],[0,0,
1,0],[−1,0,−1,0],[9E+09,9E+09,9E+09,9E+09,9E+09,9E+09]];
    CONST robtarget Target_30:=[[74.999684735,−1350.001798095,135.000025105],[0,0.
707106781,0.707106781,0],[−1,0,−1,0],[9E+09,9E+09,9E+09,9E+09,9E+09,9E+09]];
VAR num ceng:=1;
VAR num x:=0;
VAR num y:=0;
VAR num z:=130;
PROC main()
//吸盘运动到产品上方 300 mm 的位置
MoveJ Offs(Target_10,0,0,300),V1000,fine,MyTool;
//记录所码垛产品的数量
FOR i FROM 1　TO 30　DO
//产品到位后等待 1 s
Wait DI DW0,1;
//吸盘向下运动的到位点
moveJ Offs(Target_10,0,0,0),V1000,fine,MyTool;
//线传感器接收信号,执行吸取指令
setDO XQ0,1;
```

```
//吸取产品后等待1 s
Wait Time 1;
//吸取产品后向上运动300 mm
MoveJ Offs(Target_10,0,0,300),V1000,fine,MyTool;
//if指令判断是奇数层
IF ceng mod 2＝1　THEN
    //奇数层前三个产品的排放
    IF i mod 5＜4　and i mod 5＜＞0　THEN
    //运动到摆放点上方300 mm
    MoveJ Offs(Target_20,＋140＋x,－205＋y,300＋z),V1000,fine,MyTool;
    //运动到摆放点
    MoveL Offs(Target_20,＋140＋x,－205＋y,z),V1000,fine,MyTool;
    //线传感器接收摆放到位信号,执行释放指令
    setDO XQ0,0;
    //产品释放后等待1 s
    Wait Time 1;
    //前三个产品在沿着x轴方向运动285 mm
    MoveL Offs(Target_20,＋140＋x,－205＋y,300＋z),V1000,fine,MyTool;
    x:＝x＋285;
    //if指令前三个产品x、y轴的偏移距离
    IF i mod 5＝3　THEN
    x:＝0;
    y:＝y－420;
    ENDIF
ENDIF
//if指令后两个产品的摆放
IF i mod 5＞＝4　or i mod 5　＝0　THEN
    //运动到摆放点上方300 mm
    MoveJ Offs(Target_30,＋205＋x,－140＋y,300＋z),V1000,fine,MyTool;
    //运动到摆放点
    MoveL Offs(Target_30,＋205＋x,－140＋y,z),V1000,fine,MyTool;
    //线传感器接收摆放到位信号,执行释放指令
    setDO XQ0,0;
    //产品释放后等待1 s
    Wait Time 1;
    //后两个产品在沿着x轴方向运动440 mm
    MoveL Offs(Target_30,＋205＋x,－140＋y,300＋z),V1000,fine,MyTool;
    x:＝x＋440;
ENDIF
```

//当 i 为 5 的倍数进入偶数层
    IF i mod 5＝0　THEN
        x:＝0;
        y:＝0;
        ceng:＝2;
        z:＝z＋130;
    ENDIF
ELSE
    // if 指令前两个产品的摆放
IF i mod 5＜3　and i mod 5＜＞0　THEN
    //运动到摆放点上方 300 mm
    MoveJ Offs(Target_30,＋205＋x,－140＋y,300＋z),V1000,fine,MyTool;
    //运动到摆放点
    MoveL Offs(Target_30,＋205＋x,－140＋y,z),V1000,fine,MyTool;
    //线传感器接收摆放到位信号,执行释放指令
    setDO XQ0,0;
    //产品释放后等待 1 s
    Wait Time 1;
    //前两个产品在沿着 x 轴方向运动 440 mm
    MoveL Offs(Target_30,＋205＋x,－140＋y,300＋z),V1000,fine,MyTool;
    x:＝x＋440;
    //if 指令前两个产品 x、y 轴的偏移距离
    IF i mod 5＝2　THEN
        x:＝0;
        y:＝y－290;
        ENDIF
    ENDIF
// if 指令后三个产品的摆放
IF i mod 5＞＝3　or i mod 5　＝0　THEN
    //运动到摆放点上方 300 mm
    MoveJ Offs(Target_20,＋140＋x,－205＋y,300＋z),V1000,fine,MyTool;
    //运动到摆放点
    MoveL Offs(Target_20,＋140＋x,－205＋y,z),V1000,fine,MyTool;
    //线传感器接收摆放到位信号,执行释放指令
    setDO XQ0,0;
    //产品释放后等待 1 s
    Wait Time 1;
    //后三个产品在沿着 x 轴方向运动 285 mm
    MoveL Offs(Target_20,＋140＋x,－205＋y,300＋z),V1000,fine,MyTool;
    x:＝x＋285;

```
        ENDIF
    //当 i 为 5 的倍数进入偶数层
        IF i mod 5＝0    THEN
            x：＝0；
            y：＝0；
        ceng：＝1；
        z：＝z＋130；
        ENDIF
    ENDIF
    //产品码垛完成后回到等待位,准备下一次码垛开始
    MoveJ Offs(Target_10,0,0,300),V1000,fine,MyTool;
    ENDFOR
ENDPROC
```

8.1.5 运动仿真

(1)Smart 组件设计

吸盘主要有 MyTool、LineSensor、Attached、Detacher、LogicGate[NOT]。

MyTool：所建立的工具,这里将它设置为角色,相当于一个主体,其他的信号是在它的基础上建立的。

LineSensor：检测是否有任何对象与两点之间的连线相交。此处用于安装在吸盘上,检测吸盘下方是否有产品。

Attached：安装一个对象,此处用于线传感器检测产品之后,执行抓取的命令。

Detacher：拆除一个已安装的对象,此处用于线传感器信号置零之后,释放所抓取的产品。

LogicGate[NOT]：进行数字信号的逻辑运算,此处用于将线传感器的信号置零。

传送带主要有 Timer、Source、Queue、LinearMover、PlaneSensor、SimulationEvents、LogicGate_2[NOT]。

Timer：仿真时,在指定的距离间隔脉冲输出一个数据信号,此处是让产品十秒输出一个数据信号。

Source：创建一个图形组件的拷贝,此处是指复制一个产品。

Queue：对象的队列,可以作为组进行操控,此处是将复制的产品加入队列中,方便控制它的运动方向。

LinearMover：移动一个对象到一条线上,此处是将复制的产品一起沿某条线运动。

PlaneSensor：监控对象与平面相交,此处是使产品传送到面传感器之后停止运动。

SimulationEvents：仿真开始和停止时发出脉冲信号,在仿真开始时,让产品先复制一个,加入队列中。

LogicGate_2[NOT]：进行数字信号的逻辑运算,此处是指面传感器无信号时置零,使产品继续运动。

（2）属性与连接

吸盘与传送带的属性与连接见表 8-1 和表 8-2。

表 8-1　　　　　　　　　　吸盘属性与连接

源对象	源信号	目标对象	目标信号或属性
LineSensor	SensedPart	Attacher	Child
Attacher	Child	Detacher	Child

表 8-2　　　　　　　　　　传送带属性与连接

源对象	源信号	目标对象	目标信号或属性
Source	Copy	Queue	Back

（3）信号与连接

吸盘信号与连接见表 8-3 和表 8-4，传送带的信号与连接见表 8-5 和表 8-6。

表 8-3　　　　　　　　　　吸盘 I/O 信号

名称	信号类型	值
XQ	Digital Input	0

表 8-4　　　　　　　　　　吸盘 I/O 连接

源对象	源信号	目标对象	目标信号或属性
吸盘	XQ	LineSensor	Active
LineSensor	SensorOut	Attacher	Execute
LogicGate〔NOT〕	Output	Detacher	Execute
吸盘	XQ	LogicGate〔NOT〕	InputA

表 8-5　　　　　　　　　　传送带 I/O 信号

名称	信号类型	值
DW	Digital Output	0

表 8-6　　　　　　　　　　传送带 I/O 连接

源对象	源信号	目标对象	目标信号或属性
SimulationEvents	SimulationStarted	Source	Execute
Timer	Output	Source	Execute
Source	Executed	Queue	Enqueue
PlaneSensor	SensorOut	Queue	Dequeue
LogicGate_2〔NOT〕	Output	LinearMover	Execute
LogicGate_2〔NOT〕	Output	Timer	Active
PlaneSensor	SensorOut	传送带	DW
PlaneSensor	SensorOut	LogicGate_2〔NOT〕	InputA

（4）设计

吸盘设计如图 8-13 所示。

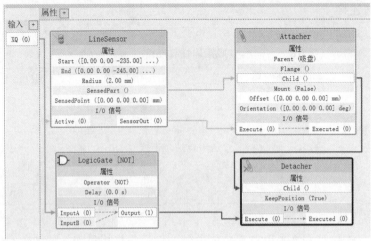

图 8-13 吸盘设计

传送带设计如图 8-14 所示。

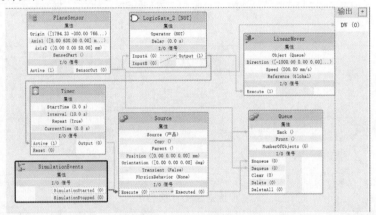

图 8-14 传送带设计

(5)示教器仿真运行

第一步:打开示教器。选择"控制器"→"示教器"选项,双击打开,打开状态如图 8-15 所示。

图 8-15 示教器打开状态

第二步:选择程序编辑器,进入入主函数,如图 8-16 所示。

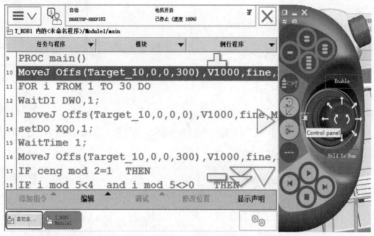

图 8-16 程序编辑器

第三步:单击"Control panel"选项,将自动模式改为手动模式。

第四步:单击"Enable"选项使电动机上电,如图 8-17 所示。单击"调试"→"PP 移至 Main"选项。

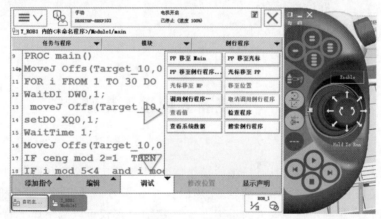

图 8-17 电动机上电

第五步:单击"运行键"观察机器人的运动轨迹是否合理。

(6)机器人工作站仿真

在进行工作站的仿真时,要将之前所做的 Smart 组件部分以及所编写的程序联系起来,使它们形成一个整体,从而表达出完整的码垛效果。

选择"仿真"→"仿真设定"→"I/O 信号"选项,进行连接。具体参数见表 8-7,工作站逻辑设计如图 8-18 所示。

表 8-7 工作站逻辑 I/O 连接

源对象	源信号	目标对象	目标信号或属性
传送带	DW	System2	DW0
System2	XQ0	吸盘	XQ

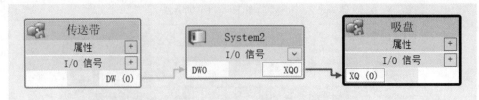

图 8-18　工作站逻辑设计

（7）动画输出

选择"仿真"选项，单击"播放"按钮，选择"录制视图"选项，码垛仿真效果如图 8-19 所示。

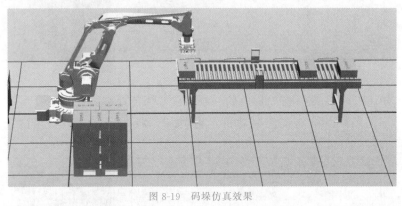

图 8-19　码垛仿真效果

8.2　机器人焊接工作站

焊接加工一方面要求焊工具有熟练的操作技能、丰富的实践经验和稳定的焊接水平；另一方面，焊接又是一种劳动条件差、烟尘多、热辐射大、危险性高的工作。工业机器人的出现使人们自然而然地想到用它替代人的手工进行焊接，这样不仅可以减小焊工的劳动强度，还可以保证焊接质量和提高生产率。据不完全统计，全世界在役的工业机器人大约有一半用于各种形式的焊接加工领域。随着先进制造技术的发展，焊接产品制造的自动化、柔性化与智能化已成为必然趋势。在焊接生产中，采用机器人焊接则是焊接自动化技术现代化的主要标志。

世界各国生产的焊接用机器人基本上都属于关节型机器人，绝大部分有六个轴，焊接机器人的应用中比较普遍的主要有弧焊机器人和激光焊接机器人，如图 8-20 所示。

焊接机器人工作站主要包括机器人和焊接设备两部分。机器人由机器人主体和控制柜（硬件和软件）组成。焊接设备由焊接电源（包括其控制系统）、送丝机（电弧焊）、焊枪（夹钳）等组成。对于智能机器人，还应该有传感系统，例如激光或摄像机传感器及控制设备。

(a)弧焊机器人 1 　　　　(b) 弧焊机器人 2 　　　　(c) 激光焊接机器人

图 8-20　焊接机器人分类

弧焊机器人是用于弧焊(主要有熔化极气体保护焊和非熔化极气体保护焊)自动作业的工业机器人,其末端持握的工具是焊枪。为适应弧焊作业,对弧焊机器人的性能有着特殊的要求。除在运动过程中速度的稳定性和轨迹精度是两项重要指标外,其他性能如下:

①能够通过示教器设定焊接条件(电流、电压、速度等)。

②摆动功能。

③坡口填充功能。

④焊接异常检测功能。

⑤焊接传感器的接口功能(焊接起始点检测、焊缝跟踪)。

8.2.1　弧焊机器人工作站的组成

弧焊机器人工作站总体布局如图 8-21 所示。

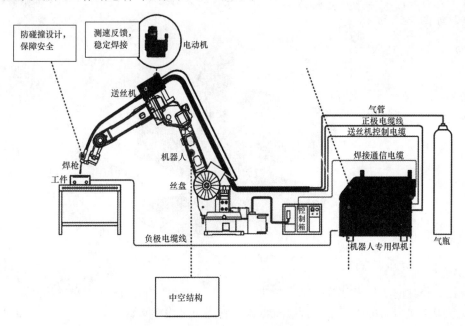

图 8-21　弧焊机器人工作站总体布局

8.2.2 弧焊机器人末端与外围设备

（1）焊枪

弧焊机器人的焊枪的安装方式有两种：内置式安装和外置式安装。此次采用的为内置式焊枪，内置式焊枪就是直接安装在焊接机器人的第六个轴上，而机器人的第六个轴为中空设计，焊枪的送丝管和保护气体可以直接从此穿入，如图8-22所示。

选用内置式焊枪的好处在于机器人在做轨迹示教时，不会因为外置送丝装置和送气装置干涉机器人的行动轨迹

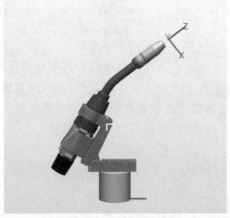

图 8-22　焊枪结构

（2）焊接夹具

弧焊机器人每次需要焊接A、B两工件，故设计的夹具应可以同时固定A、B两工件，而两工件下方各有一个信号点位，当焊枪接触工件时就会对焊枪发出信号指令使其开始焊接。焊接夹具如图8-23所示。

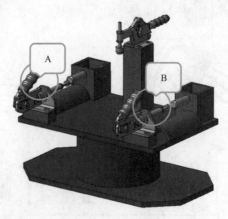

图 8-23　焊接夹具

（3）变位机

焊接工作站的变位机分为一轴变位机、二轴变位机和三轴变位机。变位机从某种意义上来说是焊接机器人的外部轴。焊接机器人工作站在工作时，如果工件在整个焊接过程中无须变位，就可以把工件固定在工作台上，简单便捷。但在实际生产加工的过程中，更多的

工件在焊接时需要变位,使焊缝处在较好的位置姿态下进行焊接工作。

　　变位机是用于改变电焊工件的位姿,使焊件待焊接部位移动至理想位置以便于开展焊接作业的机器设备。因为受自由度的和室内空间的限定,单一的通用型焊接机器人能够进行的焊接任务是十分有限的,所以焊接机器人一般必须搭配变位机使用。选用的变位机如图 8-24 所示。

图 8-24　某型号焊接变位机

　　(4)送丝机

　　送丝机是一种自动驱动的机械化送丝装置。其作用是将焊丝送到焊接位置,主要应用于手工焊接自动送丝、自动氩弧焊自动送丝、等离子焊自动送丝和激光焊自动送丝等焊接工作中。系统采用微型计算机控制,并利用步进减速电动机传动,具有送丝精度高,可重复性好等特点。它是一种在焊接领域应用十分广泛的机械装置。某弧焊机器人及其送丝机构如图 8-25 所示。

　　(5)清枪装置

　　它是焊接机器人的自动维护装置,为防止因焊渣堵塞焊枪而出现的工艺问题,按程序设定,每焊接六个工件后机器人就会有位姿变化,转向修模装置进行清焊渣、喷雾、剪焊丝三个动作,在这三个动作后继续进行产品的焊接。清枪装置如图 8-26 所示。

图 8-25　某弧焊机器人及其送丝机构

清焊渣,喷气

剪焊丝

图 8-26　清枪装置

8.2.3 焊接工艺

此工作站的工艺流程如图 8-27、图 8-28 所示:弧焊机器人焊枪初始于 home(P1)点→向 Z 轴方向运动 350 到达 P2 点进行焊接→焊接一个闭环,工作结束后→向 Z 轴方向运动至 P3→运动至 P3 点上方后,向 Z 轴方向运动 350 到达 P4 点进行焊接→焊枪返回 P1 点→工件变位机旋转 180° 后重复上述动作→每焊接完成六个工件,机器人调整位置转向 P5 修模装置进行清焊渣、喷雾、剪焊丝。

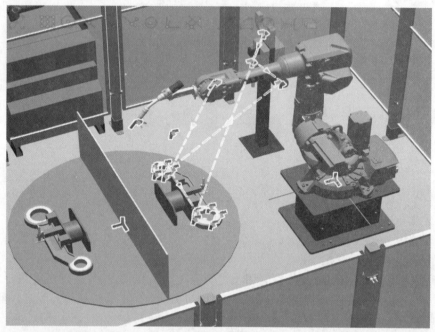

图 8-27　机器人焊接工艺路径

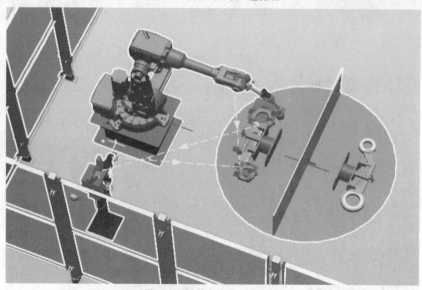

图 8-28　机器人清枪工艺路径

8.2.4 焊接机器人程序设计

工件 A 的焊接路径:机器人移动到指定点(0,0,350)后,焊枪向下做直线运动,接触工件 A1 后发出信号,开始焊接。

```
PROC rWeldingPathA()
    MoveJ pHome,vmax,z10,tWeldGun\WObj:=wobj0;
    MoveJ Offs(pWeld_A10,0,0,350),v1000,z10,tWeldGun\WObj:=wobjStationA;
    ArcLStart pWeld_A10,v1000,sm1,wd1,fine,tWeldGun\WObj:=wobjStationA;
```

焊枪绕圆形工件外轮廓进行焊接,以 A10-A20-A30 为第一个焊接半圆,以 A30-A40-A10 为第二个焊接半圆,进行圆形闭环焊接。

```
    ArcC pWeld_A20,v100,sm1,wd1,z1,tWeldGun\WObj:=wobjStationA;
    ArcC pWeld_A30,pWeld_A40,v100,sm1,wd1,z1,tWeldGun\WObj:=wobjStationA;
    ArcCEnd
```

工件 A 的圆 1 焊接完成后,焊枪抬高至 A50。

```
    pWeld_A50,pWeld_A10,v100,sm1,wd1,fine,tWeldGun\WObj:=wobjStationA;
```

机器人移动到指定点(0,0,150)后,焊枪向下做直线运动,接触工件 A2 后发出信号,开始焊接。

```
    MoveL Offs(pWeld_A10,0,0,150),v1000,z10,tWeldGun\WObj:=wobjStationA;
```

焊枪绕圆形工件外轮廓进行焊接,以 A60-A70-A80 为第一个焊接半圆,以 A80-A90-A60 为第二个焊接半圆,进行圆形闭环焊接。

```
    MoveJ offs(pWeld_A60,0,0,150),vmax,z10,tWeldGun\WObj:=wobjStationA;
    ArcLStart pWeld_A60,v1000,sm1,wd1,fine,tWeldGun\WObj:=wobjStationA;
    ArcL pWeld_A70,v100,sm1,wd1,z1,tWeldGun\WObj:=wobjStationA;
    ArcC pWeld_A80,pWeld_A90,v100,sm1,wd1,z1,tWeldGun\WObj:=wobjStationA;
    ArcCEnd
```

完成工件 A 的圆 A2 焊接完成后,焊枪抬高至 home 点。

```
    pWeld_A100,pWeld_A60,v100,sm1,wd1,fine,tWeldGun\WObj:=wobjStationA;
        MoveL offs(pWeld_A60,0,0,50),vmax,z10,tWeldGun\WObj:=wobjStationA;
        MoveJ pHome,vmax,z10,tWeldGun\WObj:=wobj0;
ENDPROC
```

变位机旋转 180°进行另一端两个工件的焊接。

```
While TRUE DO
    IF di06WorkStation1=1    THEN
    ELSEIF di07WorkStation2=1    THEN
    ENDIF
    WaitTime 0.3;
    ENDWHILE
ENDPROC
PROC rRotToCellA()
```

工件 B 的焊接路径:机器人移动到指定点(0,0,350)后,焊枪向下做直线运动,接触工件 B1 后发出信号,开始焊接。

```
PROC rWeldingPathB()
    MoveJ pHome,vmax,z10,tWeldGun\WObj:=wobj0;
    MoveJ Offs(pWeld_B10,0,0,350),v1000,z10,tWeldGun\WObj:=wobjStationB;
    ArcLStart pWeld_B10,v1000,sm1,wd1,fine,tWeldGun\WObj:=wobjStationB;
```

焊枪绕圆形工件外轮廓进行焊接,以 B10-B20-B30 为第一个焊接半圆,以 B30-B40-B10 为第二个焊接半圆,进行圆形闭环焊接。

```
    ArcC pWeld_B20,v100,sm1,wd1,z1,tWeldGun\WObj:=wobjStationB;
    ArcC pWeld_B30,pWeld_B40,v100,sm1,wd1,z1,tWeldGun\WObj:=wobjStationB;
    ArcCEnd
```

工件 B 的 B1 焊接完成后,焊枪抬高至 B50。

```
    pWeld_B50,pWeld_B10,v100,sm1,wd1,fine,tWeldGun\WObj:=wobjStationB;
```

机器人移动到指定点(0,0,150)后,焊枪向下做直线运动,接触工件 B2 后发出信号,开始焊接。

```
    MoveL Offs(pWeld_B10,0,0,150),v1000,z10,tWeldGun\WObj:=wobjStationB;
```

焊枪绕圆形工件外轮廓进行焊接,以 B60-B70-B80 为第一个焊接半圆,以 B80-B90-B60 为第二个焊接半圆,进行圆形闭环焊接。

```
    MoveJ offs(pWeld_B60,0,0,150),vmax,z10,tWeldGun\WObj:=wobjStationB;
    ArcLStart pWeld_B60,v1000,sm1,wd1,fine,tWeldGun\WObj:=wobjStationB;
    ArcL pWeld_B70,v100,sm1,wd1,z1,tWeldGun\WObj:=wobjStationB;
    ArcC pWeld_B80,pWeld_B90,v100,sm1,wd1,z1,tWeldGun\WObj:=wobjStationB;
    ArcCEnd
```

完成工件 B 的圆 B2 焊接完成后,焊枪抬高至 home 点。

```
    pWeld_B100,pWeld_B60,v100,sm1,wd1,fine,tWeldGun\WObj:=wobjStationB;
        MoveL offs(pWeld_B60,0,0,50),vmax,z10,tWeldGun\WObj:=wobjStationB;
        MoveJ pHome,vmax,z10,tWeldGun\WObj:=wobj0;
    ENDPROC
    PROC main()
```

信号 04,robot 到 pos1 姿态焊接工件 A。

```
    Set do04pos1;
    bLoadingOK:=FALSE;
    WaitTime 3;
```

机器人完成工件 A 的焊接用时为 10 s。

```
    WaitDi di06WorkStation1,1\MaxTime:=10;
    Reset do04pos1;
    bCell_A:=TRUE;
    ENDPROC
    PROC rRotToCellB()
```

信号 05,robot 到 pos2 姿态焊接工件 B。

```
    Set do05pos2;
    bLoadingOK:=FALSE;
    WaitTime 3;
    WaitDi di07WorkStation2,1\MaxTime:=10;
    Reset do05pos2;
    bCell_B:=TRUE;
ENDPROC
PROC rInitAll()    AccSet 100,100;
    VelSet 100,3000;
    ConfL\On;
    nCount:=0;
    ConfJ\On;
    Reset do05pos2;
    Reset do04pos1;
```

robot 回到 home 姿态准备检查焊枪。

```
    Reset soRobotInHome;
    Reset do01WeldOn;
    Reset do03FeedOn;
    Reset do02GasOn;
    IDelete intno1;
    CONNECT intno1   WITH tLoadingOK;
    ISignalDI di08LoadingOK,1,intno1;
ENDPROC
```

检查焊枪状态,进行清洗焊渣,剪焊丝。

```
    PROC rCheckGunState()
    IF nCount=6   Then
        nCount:=0;
    ENDIF
    Waittime 0.1;
    ENDPROC
    PROC rCellA_Welding()
    WaitUntil bLoadingOK=TRUE;
    nCount:=nCount+1;
    ENDPROC
    PROC rCellB_Welding()
    WaitUntil bLoadingOK=TRUE;
    nCount:=nCount+1;
    ENDPROC
    PROC rHome()
    MoveJDO pHome,vmax,fine,tWeldGun,soRobotInHome,1;
```

焊枪参数设置。

```
PROC rWeldGunSet()
```

```
        MoveJ Offs(pGunWash,0,0,150),v1000,z10,tWeldGun\WObj:=wobj0;
        MoveL pGunWash,v200,fine,tWeldGun\WObj:=wobj0;
        Set do09GunWash;
        Waittime 2;
        Reset do09GunWash;
        MoveL Offs(pGunWash,0,0,150),v1000,z10,tWeldGun\WObj:=wobj0;
        MoveL Offs(pGunSpary,0,0,150),v1000,z10,tWeldGun\WObj:=wobj0;        MoveL
pGunSpary,v200,fine,tWeldGun\WObj:=wobj0;
        Set do10GunSpary;
        Waittime 2;
        Reset do10GunSpary;
        MoveL Offs(pGunSpary,0,0,150),v1000,z10,tWeldGun\WObj:=wobj0;
        MoveL Offs(pFeedCut,0,0,150),v1000,z10,tWeldGun\WObj:=wobj0;
        MoveL pFeedCut,v200,fine,tWeldGun\WObj:=wobj0;
        Set do11FeedCut;
        Waittime 2;
        Reset do11FeedCut;
        MoveL Offs(pFeedCut,0,0,150),v1000,z10,tWeldGun\WObj:=wobj0;
ENDPROC
Robot 回到 home 位姿。
        PROC rCheckHomePos()
        VAR robtarget pActualPos1;
IF NOT bCurrentPos(pHome,tWeldGun) THEN
        pActualpos1.trans.z:=pHome.trans.z;
            MoveL pHome,v100,fine,tWeldGun;
        ENDIF
ENDPROC
        TRAP tLoadingOK
            bLoadingOK :=TRUE;
        ENDTRAP
ENDMODULE
```

本案例可使弧焊机器人工作站在无人环境下自动完成焊接、修磨等工作,既避免了人员的浪费,又避免了在危险工作环境中造成的人员受伤,提高了工作效率,增强了焊接精度。

8.3 机器人装配工作站

装配机器人是柔性自动化装配系统的核心设备,由机器人操作机、控制器、末端执行器和传感系统组成。其中操作机的结构类型有水平关节型、直角坐标型、多关节型和圆柱坐标型等。控制器一般采用多 CPU 或多级计算机系统,实现运动控制和运动编程。末端执行器为适应不同的装配对象而设计成各种手爪和手腕等。传感系统用来获取装配机器人与环境和装配对象之间相互作用的信息。

　　本节介绍将两条传送带传送过来的电动机底座和主体用螺栓进行装配固定的案例场景,其中 IRB2600 机器人负责将电动机基座和电动机主体放置到工作台并组装好,IRB1200 负责将工作台料盘上的螺栓装配到电动机主体和底座的螺孔上,装配完成后,IRB2600 机器人会将安装固定好的电动机整体放置在第三条传送带上运到指定的电动机放置点。整个机器人装配工作站实现了电动机组件的自动装配和运输功能,是一条完整的全自动装配生产线。

8.3.1　装配工作站组成

　　工作站由 IRB2600 机器人、IRB1200 机器人、传感器、夹爪、传送带、防护栏、控制器和检测器等组成。其三视图如图 8-29 所示。

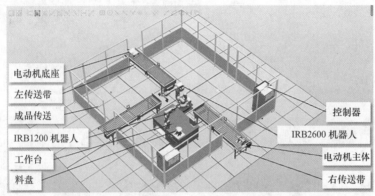

图 8-29　机器人装配工作站三视图

　　工作站开始工作时,电动机主体和电动机底座同时通过左、右两条传送带传送到指定位置,随后 IRB2600 机器人首先抓取电动机底座放置在工作台上,之后将另一条传送带上的电动机主体放置在工作台底座对应位置上。当 IRB2600 机器人放置完毕后,IRB1200 机器人开始对放置好的电动机进行装配螺栓,在电动机主体和底座接触的面上有四个螺孔,IRB1200 将在料盘上抓取螺栓分别装配电动机的四个对应螺孔上。装配完毕后,IRB2600 机器人将抓取装配好的电动机放置在第三条传送带上,传送带会将装配好的电动机传送指定的位置。如图 8-30 所示。

（a）机器人抓取电动机主体

（b）机器人将电动机底座放置到工作台上

图 8-30　机器人装配工作过程

(c)机器人抓取电动机主体

(d)机器人放置电动机主体

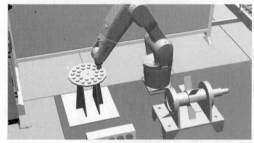
(e)机器人抓取螺栓

(f)机器人放置螺栓

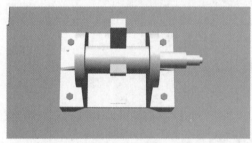
(g)完整装配体

(i)机器人将成品放置到传送带

续图 8-30　机器人装配工作过程

　　此装配机器人工作站通过各组件建立各个部件的信号,通过触发与传感信号进行各部件的联合调动,从而实现机器人的装配过程。

8.3.2　机器人末端结构设计与安装

（1）末端结构设计

　　末端工具选择气动夹爪,具有精度高、抓取力强、价格合适等特点。气动夹爪由法兰、夹爪主体组成。夹爪参数见表 8-8。

表 8-8　　　　　　　　　　　　　　　　　夹爪参数

缸径/mm	做功型式	工作介质	使用压力范围/MPa	工作温度/℃	给油	重复精度	最高使用频率	安装方式	接管口径	感应开关
25	重复型	空气	0.15～0.70	20～70	不需要	±0.02	60	尾部安装	M5×0.8	DS1.G

（2）气爪结构设计

　　IRB2600 机器人气爪和 IRB1200 机器人气爪都是由缸筒、端盖、活塞、活塞杆和密封件等组成的。气爪主体如图 8-31 所示。

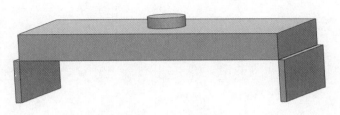

图 8-31 气爪主体

（3）末端夹爪的安装

首先将组装完成的吸盘保存为 STEP 格式，打开所建的工作站，选择"基本"→"导入几何体"选项，找到刚才保存的 STEP 文件，并打开。然后创建两个空部件，分别将组成夹爪左、右两个夹子的部件拖拽到两个空部件里，作为可移动部位部件。

创建夹爪的机械装置，选择"建模"→"创建机械装置"选项，Tool 名称为"夹爪"，机械装置选择"爪子"，单击"应用"按钮如图 8-32 所示。然后选择下一个链接"L2"，选择组件"气缸 2"，如图 8-33 所示。

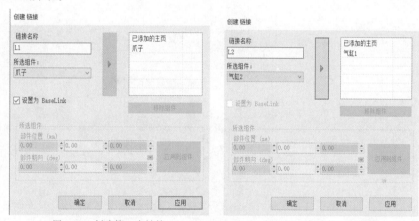

图 8-32 创建第一个链接　　　　　　图 8-33 创建第二个链接

继续选择链接"L3"，选择组件"气缸 2"，如图 8-34 所示。

图 8-34 创建第三个链接

链接创建完毕后，选择"接点"选项，设置界面如图 8-35 所示，方向与关节的运动轴一致。

（a）设置参数   （b）方向

图 8-35　创建第一个接点

继续选择"接点"选项，方向与关节的运动轴一致，如图 8-36 所示。

 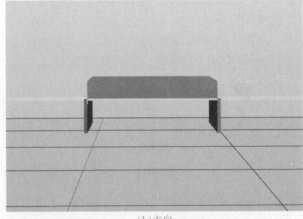

（a）设置参数   （b）方向

图 8-36　创建第二个接点

继续创建"工具数据"，选择圆心捕捉，捕捉圆柱体上表面为工具坐标，如图 8-37 所示。

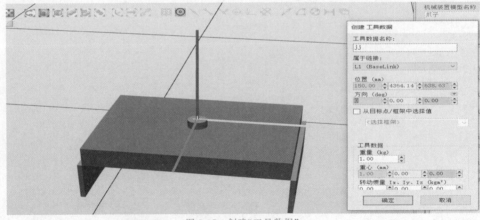

图 8-37　创建"工具数据"

创建完毕后，选择"编译机械装置"，双击，选择默认的姿态"同步位置"，将关节设为打开状态。如图 8-38 所示。

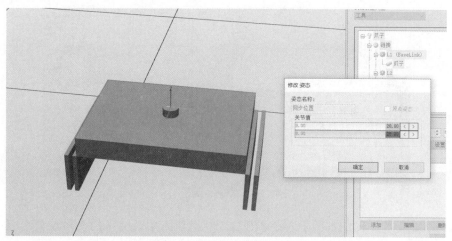

图 8-38　修改第一个姿态为"打开"

再添加一个姿态，命名为"夹紧"，设置如图 8-39 所示。

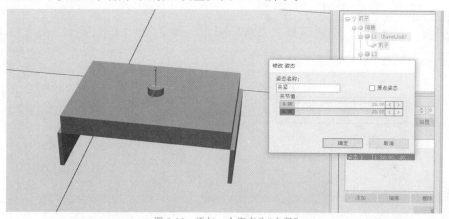

图 8-39　添加一个姿态为"夹紧"

单击"关闭"按钮，机械装置创建完成。机械装置创建完成之后选择修改本地原点，如图 8-40 所示。修改夹爪本地原点的方向，使其与 IRB2600 机器人法兰盘坐标框架基本一致，如图 8-41 所示。

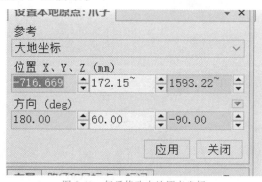

图 8-40　气爪修改本地原点坐标

图 8-41　气爪修改本地原点的方向

修改完成之后，将修改完成的机械装置拖拽到 IRB2600 机器人上，完成安装，如

图 8-42 所示。

图 8-42　IRB2600 机器人气爪的安装

　　IRB1200 机器人末端夹爪的安装和 IRB2600 机器人末端夹爪的机械装置以及安装方法一致,不再赘述。

8.3.3　装配程序设计与调试

　　IRB 2600 机器人装配工作站路径规划如图 8-43 所示,IRB 1200 机器人装配工作站路径规划如图 8-44 所示。机器人的运动控制程序如下:

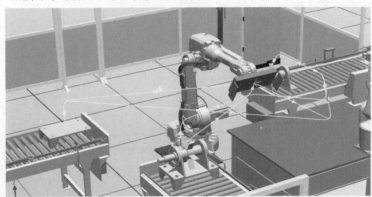

图 8-43　IRB2600 机器人装配工作站路径规划

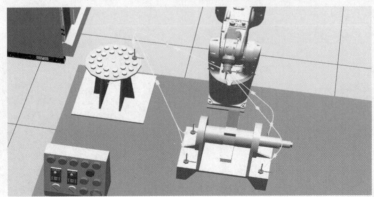

图 8-44　IRB1200 机器人装配工作站路径规划

（1）IRB2600 机器人工作站 Rapid 程序设计

```
PROC main()
reset jiqiren0;(重置 IRB2600 机器人信号)
MoveJ Target_30,v1000,z100,jiazhua\WObj:=wobj0;
WaitDI dw1320,1;(当左边传送带到位信号为 1 时,执行下面的指令)
MoveL Target_60,v1000,z100,jiazhua\WObj:=wobj0;
MoveL Target_50,v1000,z100,jiazhua\WObj:=wobj0;
WaitTime 2;(IRB2600 机器人等待 2 s 指令)
SetDO zz0,1;(将 IRB2600 机器人夹爪的信号设定为 1)
WaitTime 0.5;(IRB2600 机器人等待 0.5 s 指令)
MoveL Target_60,v1000,z100,jiazhua\WObj:=wobj0;
MoveL Target_30,v1000,z100,jiazhua\WObj:=wobj0;
MoveL Target_70,v1000,z100,jiazhua\WObj:=wobj0;
WaitTime 1;(IRB2600 机器人等待 1 s 指令)
SetDO zz0,0;(将 IRB2600 机器人夹爪的信号设定为 0)
WaitTime 0.5;(IRB2600 机器人等待 0.5 s 指令)
MoveL Target_90,v1000,z100,jiazhua\WObj:=wobj0;
MoveL Target_100,v300,z100,jiazhua\WObj:=wobj0;
MoveL Target_120,v1000,z100,jiazhua\WObj:=wobj0;
WaitTime 3;(IRB2600 机器人等待 3 s 指令)
SetDO zz0,1;(将 IRB2600 机器人夹爪的信号设定为 1)
WaitTime 0.5;(IRB2600 机器人等待 0.5 s 指令)
MoveL Target_100,v1000,z100,jiazhua\WObj:=wobj0;
MoveL Target_90,v1000,z100,jiazhua\WObj:=wobj0;
MoveL Target_140,v1000,z100,jiazhua\WObj:=wobj0;
WaitTime 1;(IRB2600 机器人等待 1 s 指令)
SetDO zz0,0;(将 IRB2600 机器人夹爪的信号设定为 0)
WaitTime 0.5;(IRB2600 机器人等待 0.5 s 指令)
MoveL Target_90,v1000,z100,jiazhua\WObj:=wobj0;
MoveL Target_90_2,v1000,z100,jiazhua\WObj:=wobj0;
et dw220;(重置传送带的到位信号)
WaitDI ks0,1;(当 IRB2600 机器人收到 IRB1200 的信号时,执行下面的指令)
MoveL Target_90,v1000,z100,jiazhua\WObj:=wobj0;
MoveL Target_140,v1000,z100,jiazhua\WObj:=wobj0;
WaitTime 2;(IRB2600 机器人等待 2 s 指令)
SetDO zz0,1;(将 IRB2600 机器人夹爪的信号设定为 1)
WaitTime 0.5;(IRB2600 机器人等待 1 s 指令)
MoveL Target_40,v1000,z100,jiazhua\WObj:=wobj0;
MoveL Target_40_2,v1000,z100,jiazhua\WObj:=wobj0;
MoveL Target_150,v1000,z100,jiazhua\WObj:=wobj0;
WaitTime 1;(IRB2600 机器人等待 2 s 指令)
```

```
SetDO zz0,0;(将 IRB2600 机器人夹爪的信号设定为 0)
WaitTime 0.5;(IRB2600 机器人等待 1 s 指令)
MoveL Target_40,v1000,z100,jiazhua\WObj:=wobj0;
MoveL Target_30,v1000,z100,jiazhua\WObj:=wobj0;
LUJIN;
ENDPROC
```

（2）IRB1200 机器人工作站 Rapid 程序设计

```
PROC main()
Reset wc0;(重置 IRB1200 机器人向螺栓在料盘上复制的信号)
WaitTime 30;(机器人等待 2 s 信号)
WaitDi daowei20,1;(当机器人信号为 1 时,执行下面的指令)
MoveL Target_30,v400,z100,jiazhua2\WObj:=wobj0;
MoveL Target_120,v1000,z100,jiazhua2\WObj:=wobj0;
MoveL Target_40,v400,z100,jiazhua2\WObj:=wobj0;
WaitTime 2;(机器人等待 2 s 指令)
WaitTime 0.5;(机器人等待 2 s 指令)
MoveL Target_120,v1000,z100,jiazhua2\WObj:=wobj0;
MoveL Target_50,v400,z100,jiazhua2\WObj:=wobj0;
MoveL Target_60,v400,z100,jiazhua2\WObj:=wobj0;
WaitTime 2;(机器人等待 2 s 指令)
SetDO ZHUAZI10,0;(将 IRB1200 机器人气爪的信号设定为 0)
WaitTime 0.5;
MoveL Target_50,v400,z100,jiazhua\WObj:=wobj0;
MoveL Target_120,v1000,z100,jiazhua2\WObj:=wobj0;
MoveL Target_40,v400,z100,jiazhua2\WObj:=wobj0;
WaitTime 2;(机器人等待 2 s 指令)
SetDO ZHUAZI10,1;(将 IRB1200 机器人气爪的信号设定为 1)
WaitTime 0.5;(机器人等待 0.5 s 指令)
MoveL Target_120,v1000,z100,jiazhua2\WObj:=wobj0;
MoveL Target_50,v400,z100,jiazhua2\WObj:=wobj0;
MoveL Target_70,v400,z100,jiazhua2\WObj:=wobj0;
WaitTime 2;(机器人等待 2 s 指令)
SetDO ZHUAZI10,0;(将 IRB1200 机器人气爪的信号设定为 0)
WaitTime 0.5;(机器人等待 0.5 s 指令)
MoveL Target_50,v400,z100,jiazhua2\WObj:=wobj0;
MoveL Target_120,v1000,z100,jiazhua2\WObj:=wobj0;
MoveL Target_40,v400,z100,jiazhua2\WObj:=wobj0;
WaitTime 2;(机器人等待 2 s 指令)
SetDO ZHUAZI10,1;(将 IRB1200 机器人气爪的信号设定为 1)
WaitTime 0.5;(机器人等待 0.5 s 指令)
MoveL Target_120,v1000,z100,jiazhua2\WObj:=wobj0;
```

```
MoveL Target_30,v400,z100,jiazhua2\WObj:=wobj0;
MoveL Target_100,v400,z100,jiazhua2\WObj:=wobj0;
MoveL Target_90,v400,z100,jiazhua2\WObj:=wobj0;
WaitTime 2;(机器人等待 2 s 指令)
SetDO ZHUAZI10,0;(将 IRB1200 机器人气爪的信号设定为 0)
WaitTime 0.5;(机器人等待 0.5 s 指令)
MoveL Target_100,v400,z100,jiazhua2\WObj:=wobj0;
MoveL Target_30,v400,z100,jiazhua2\WObj:=wobj0;
MoveL Target_120,v1000,z100,jiazhua2\WObj:=wobj0;
MoveL Target_40,v400,z100,jiazhua2\WObj:=wobj0;
WaitTime 2;(机器人等待 2 s 指令)
SetDO ZHUAZI10,1;(将 IRB1200 机器人气爪的信号设定为 1)
WaitTime 0.5;(机器人等待 0.5 s 指令)
MoveL Target_120,v1000,z100,jiazhua2\WObj:=wobj0;
MoveL Target_30,v400,z100,jiazhua2\WObj:=wobj0;
MoveL Target_110,v400,z100,jiazhua2\WObj:=wobj0;
MoveL Target_80,v400,z100,jiazhua2\WObj:=wobj0;
WaitTime 2;(机器人等待 0.5 s 指令)
SetDO ZHUAZI10,0;(将 IRB1200 机器人气爪的信号设定为 0)
WaitTime 0.5;(机器人等待 0.5 s 指令)
MoveL Target_110,v400,z100,jiazhua2\WObj:=wobj0;
MoveL Target_30,v400,z100,jiazhua2\WObj:=wobj0;
ENDPROC
```

8.4 机器人压铸检测入库工作站

机器人压铸检测入库工作站属于工业机器人的一种,可实现在无人管理的条件下进行压铸、传送等工艺。在生产过程中,机器人可以实现 24 小时工作,在任何环境下,相比于人工压铸取件误差更小,并且安全可靠,工作效率和生产效率更高,生产出的零件力学性能良好,被普遍应用于汽车、摩托车零件以及各种家用电器等。

德国、日本、瑞典等国家在压铸取件方面发展较早,目前已经具备了较完善的机器人压铸取件系统,并且已经将机器人压铸取件运用到工厂中,如汽车外壳的压铸、装配等。机器人的加入使得他们的生产效率得到了很大的提升,并且节约了大量的成本。近年来,随着"中国制造 2025"的提出,工业机器人的发展得到了大力支持,因此采取机器人代替人工进行压铸取件就成为可行的方案,进一步加快了压铸智能化行业的技术升级进程。因此,本节是结合国内外智能制造和机器人良好的行业发展势头,采用机器人代替人工压铸取件、同时伴随机器视觉检测和搬运入库等系列技术流程,为推动"中国制造 2025"和智能制造产业升级提供了技术方案的有力支撑。

8.4.1 工作站结构

机器人首先运到工作位置,零件经压铸机压铸后,机器人夹取零件,将其放置在检测器下进行检测,检测完成后机器人将零件放置在冷却台上,冷却一段时间后,机器人夹取零件,将其放置在传送带上进行传送。机器人压铸检测入库工作站的组成如图 8-45 所示。工作站由压铸机、机器人、次品收集桶、夹爪、传送链、冷却台、控制器等部件组成。

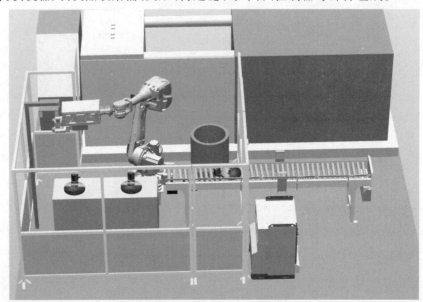

图 8-45 机器人压铸检测入库工作站的组成

（1）工作过程

零件放入压铸机后由压铸机进行压铸,压铸完成后机器人夹取零件放置在检测器下方,由人工判断零件是否正常,在正常的情况下将其放置在冷却台上进行冷却,冷却一段时间后,由机器人夹取零件,将其放置在传送链上传送出去。零件不正常情况下,需要将其放入次品收集桶回收和重新进行压铸。

（2）末端结构设计

取件工具选择气动夹爪,具有抓取力强、价格合适等特点。气动夹爪由法兰、夹爪主体组成。夹爪参数选择见表 8-9。

表 8-9　　　　　　　　　　　　　　　夹爪参数选择

缸径/mm	做功型式	工作介质	使用压力范围/MPa	工作温度/℃	是否给油	重复精度	最高使用频率	安装方式	接管口径	感应开关
25	重复型	空气	0.15~0.70	20~70	不需要	±0.02	60 (c.p.m)	尾部安装	M5×0.8	DS1-G

（3）夹爪结构设计

气动夹爪的三视图如图 8-46 所示。

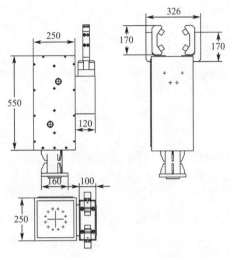

图 8-46　气动夹爪的三视图

8.4.2 视觉系统

本工作站的硬件采用海康威视工业相机,软件平台采用的是 Halcon 机器视觉,经安装调试后,进入产品检测入库环节,只有经视觉检测合格后,方可入库。因此,视觉检测部分起到了保证产品质量、优化工作站效率的作用。工业相机和检测平台如图 8-47 所示。

(a)硬件　　　　　　　　　　　　　(b)软件

图 8-47　工业相机和检测平台

8.4.3 Robot Studio Smart 组件仿真

首先建立初始信号,通过压铸机压铸完成后,信号传递给夹爪,夹爪夹取零件放置在冷却台上,等到一段时间后夹爪再次收到信号,把冷却好的零件放置在传送链上进行传送,以此完成整个工作站的运作。

(1)Smart 组件的组成

本次设计主要用到 MyTool、LineSensor、Attached、Detacher、LogicGate［NOT］等信号。

MyTool:所建立的工具,这里将它设置为角色,相当于一个主体其他的信号是在它的基础上建立的。

LineSensor:检测是否有任何对象与两点之间的连线相交。此处用于安装在吸盘上,检测吸盘下方是否有产品。

Attached:安装一个对象,此处用于线传感器检测产品之后,执行抓取的命令。

Detacher:拆除一个已安装的对象,此处用于线传感器信号置零之后,释放所抓取的产品。

LogicGate[NOT]:进行数字信号的逻辑运算,此处用于将线传感器的信号置零。

传送带主要有 Timer、Source、Queue、LinearMover、PlaneSensor、SimulationEvents、LogicGate_2[NOT]。

Timer:仿真时,在指定的距离间隔脉冲输出一个数据信号,这里是让产品每10 s输出一个数据信号。

Source:创建一个图形组件的拷贝,这里是指复制一个产品。

Queue:对象的队列,可以作为组进行操控,这里是将复制的产品加入队列中去,方便控制它的运动方向。

LinearMover:移动一个对象到一条线上,这里是将复制的产品一起沿某一条线运动。

PlaneSensor:监控对象与平面相交,这里是让产品传送到面传感器之后停止运动。

SimulationEvents:仿真开始和停止时发出脉冲信号,在仿真开始时,让产品先复制一个加入队列中。

LogicGate_2[NOT]:进行数字信号的逻辑运算,这里是指面传感器无信号时置零。让产品继续运动。

气动夹爪 Smart 的组成如图 8-48(a)所示,压铸机 Smart 的组成如图 8-48(b)所示,传送链 Smart 的组成如图 8-48(c)所示,视觉检测器 Smart 的组成如图 8-48(d)所示。

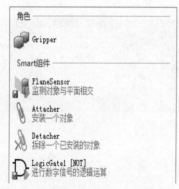

(a)气动夹爪 Smart 的组成

(b)压铸机 Smart 的组成

(c)传送链 Smart 的组成

(d)视觉检测器 Smart 的组成

图 8-47　气动夹爪 Smart 的组件设计

(2)Smart 组件 I/O 信号建立

气动夹爪 Smart 的设计如图 8-49(a)所示,压铸机 Smart 的设计如图 8-49(b)所示,传送链 Smart 的设计如图 8-49(c)所示,质检器 Smart 的设计如图 8-49(d)所示。

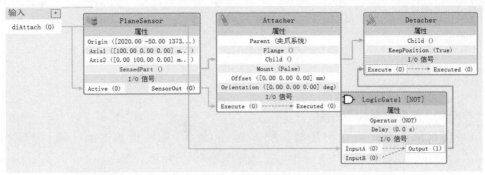

(a)气动夹爪 Smart 的设计

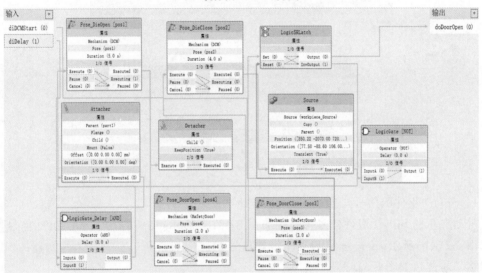

(b)压铸机 Smart 的设计

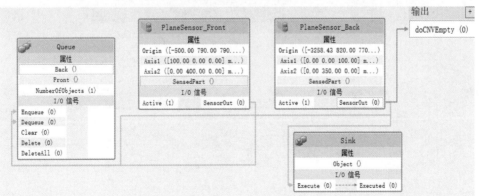

(c)传送链 Smart 的设计

图 8-49 Smart 组件 I/O 信号建立

(d)质检器 Smart 的设计

续图 8-49　Smart 组件 I/O 信号建立

(3)Smart 组件的属性与连结

气动夹爪的 Smart 属性与连结如图 8-50(a)所示，压铸机的 Smart 属性与连结如图 8-50(b)所示，传送链的 Smart 属性与连结如图 8-50(c)所示。

源对象	源属性	目标对象	目标属性或信号
PlaneSensor	SensedPart	Attacher	Child
Attacher	Child	Detacher	Child

(a)气动夹爪的 Smart 属性与连结

源对象	源属性	目标对象	目标属性或信号
Source	Copy	Attacher	Child
Attacher	Child	Detacher	Child

(b)压铸机的 Smart 属性与连结

源对象	源属性	目标对象	目标属性或信号
PlaneSensor_Front	SensedPart	Queue	Back
PlaneSensor_Back	SensedPart	Sink	Object

(c)传送链的 Smart 属性与连结

图 8-50　Smart 组件的属性与连结

(4)Smart 组件的信号与连接

气动夹爪的 Smart 组件信号与连接如图 8-51(a)所示，压铸机的 Smart 组件信号与连接如图 8-51(b)所示，传送链的 Smart 组件信号与连接如图 8-51(c)所示，检测器的 Smart 组件信号与连接如图 8-51(d)所示。

源对象	源信号	目标对象	目标信号或属性
夹爪系统	diAttach	PlaneSensor	Active
PlaneSensor	SensorOut	Attacher	Execute
夹爪系统	diAttach	LogicGate1 [NOT]	InputA
LogicGate1 [NOT]	Output	Detacher	Execute

(a)气动夹爪的 Smart 组件信号与连接

源对象	源信号	目标对象	目标信号或属性
压铸机系统	diDCMStart	Pose_DoorClose [pos3]	Execute
Pose_DoorClose [pos3]	Executed	Pose_DieClose [pos2]	Execute
Pose_DieClose [pos2]	Executed	Source	Execute
Source	Executed	Attacher	Execute
Attacher	Executed	LogicGate_Delay [AND]	InputA
压铸机系统	diDelay	LogicGate_Delay [AND]	InputB
LogicGate_Delay [AND]	Output	Pose_DieOpen [pos1]	Execute
Pose_DieOpen [pos1]	Executed	Detacher	Execute
Pose_DieOpen [pos1]	Executed	Pose_DoorOpen [pos4]	Execute
Pose_DoorClose [pos3]	Executed	LogicSRLatch	Reset
Pose_DoorOpen [pos4]	Executed	LogicSRLatch	Set
LogicSRLatch	Output	压铸机系统	doDoorOpen

(b)压铸机的 Smart 组件信号与连接

图 8-51　Smart 组件的信号与连接

源对象	源信号	目标对象	目标信号或属性
PlaneSensor_Front	SensorOut	Queue	Enqueue
PlaneSensor_Back	SensorOut	Queue	Dequeue
PlaneSensor_Back	SensorOut	Sink	Execute
PlaneSensor_Back	SensorOut	传送链系统	doCNVEmpty

(c)传送链的 Smart 组件信号与连接

源对象	源信号	目标对象	目标信号或属性
检测器	diLaserShow	Show	Execute
检测器	diLaserShow	检测器	doPartOK
检测器	diLaserShow	LogicGate [NOT]	InputA
LogicGate [NOT]	Output	Hide	Execute

(d)检测器的 Smart 组件信号与连接

续图 8-51　Smart 组件的信号与连接

8.4.4　机器人压铸入库和机器视觉检测程序设计

（1）工业机器人压铸入库的 PROC main 函数设计

```
PROC main()
    ! waittime 1000；
        rIninAll；
        WHILE TRUE DO
            IF di01DCMAuto＝1　THEN
                rExtracting；
                rCheckPart；
            IF bFullOfCool＝TRUE THEN
                rRelGoodPart；
            ELSE
                rReturnDCM；
            ENDIF
        ENDIF
        ! rCheckPart；
        ! IF di04PartOK ＜＞ 1　THEN
        ! rRelDamagePart；
        ! ENDIF
        ! IF bFullOfCool＝TRUE THEN
        !     rRelGoodPart；
        ! ENDIF
        rCycleTime；
        WaitTime 0.2；
    ENDWHILE
END Proc
```

压铸机和机器人运动到工作原点等待压铸机工作。

```
PROC rIninAll()
    AccSet 100,100；
    VelSet 100,3000；
```

```
        ConfJ\Off;
        ConfL\Off;
        rReset_Out;
        rHome;
        Set do04StartDCM;
ENDPROC
```

机器人夹爪运动到压铸机前,给压铸机信号使压铸机开始工作。

```
    PROC rExtracting()
        MoveJ pWaitDCM,vFast,z20,tGripper\WObj:=wobjDCM;
        ! Set do04StartDCM;
        waittime 1;
        WaitDI di02DoorOpen,1;
        WaitDI di03DieOpen,1\MaxTime:=6\TimeFlag:=bDieOpenKO;
        IF bDieOpenKO =TRUE THEN
            nErrPickPartNo :=1;
            GOTO lErrPick;
        ELSE
            nErrPickPartNo :=0;
        ENDIF
```

压铸机收到机器人的信号,安全门打开,传递压铸信号。

```
            Reset do04StartDCM;
            MoveJ Offs(pPickDCM,nPickOff_X,nPickOff_Y,nPickOff_Z),vLow,z10,
tGripper\WObj:=wobjDCM;
            MoveJ pPickDCM,vLow,fine,tGripper\WObj:=wobjDCM;
            rGripperClose;
            rSoftActive;
            Set do07EjectFWD;
            WaitDI di06LsEjectFWD,1\MaxTime:=4\TimeFlag:=bEjectKo;
            pPosOK :=CRobT(\Tool:=tGripper\WObj:=wobjDCM);
            IF bEjectKo =TRUE THEN
                ! nErrPickPartNo :=1;
                rSoftDeactive;
                rGripperOpen;
```

压铸机合模收到信号开始闭合。

```
                MoveL Offs(pPosOK,0,0,100),vLow,z10,tGripper\WObj:=wobjDCM;
            ELSE
                WaitTime 0.5;
                rSoftDeactive;
                WaitTime 0.5;
                MoveL Offs(pPosOK,0,0,200),v300,z10,tGripper\WObj:=wobjDCM;
                GripLoad LoadPart;
            ENDIF
```

压铸机合模闭合,将零件挤压成所需要的形状。

```
        lErrPick:
        MoveJ pMoveOutDie,vLow,z10,tGripper\WObj:=wobjDCM;
        Reset do07EjectFWD;
        ! Reset do04StartDCM;
    ENDPROC
    PROC rCheckPart()
        IF nErrPickPartNo =1   THEN
            MoveJ pHome,vFast,fine,tGripper\WObj:=wobjDCM;
            PulseDO\PLength:=0.2,do12Error;
            RETURN;
        ENDIF
```

压铸机合模闭合后,等待 3 s 使零件压铸成功。

```
        MoveJ pHome,vLow,z200,tGripper\WObj:=wobjDCM;
        Set do04StartDCM;
        MoveJ pPartCheck,vLow,fine,tGripper\WObj:=wobjCool;
        Set do06AtPartCheck;
        WaitTime 3;
        WaitDI di04PartOK,1\MaxTime:=5\TimeFlag:=bPartOK;
        ReSet do06AtPartCheck;
        IF bPartOK =TRUE THEN
            rRelDamagePart;
        ELSE
            rCooling;
        ENDIF
    ENDPROC
```

机器合模打开,给机器人夹爪发送完成信号,使夹爪夹取压铸好的零件。

```
    PROC rCooling()
        TEST nRelPartNo
        CASE 2:
        MoveJ Offs(pRelPart2,0,0,nCoolOffs_Z),vLow,z50,tGripper\WObj:=wobjCool;
        MoveJ pRelPart2,vLow,fine,tGripper\WObj:=wobjCool;
        rGripperOpen;
```

机器人将零件夹取后,运动到检测器下,通过检测器检测零件是否符合要求。

```
        MoveJ Offs(pRelPart2,0,0,nCoolOffs_Z),vLow,z50,tGripper\WObj:=wobjCool;
        CASE 3:
        MoveJ Offs(pRelPart3,0,0,nCoolOffs_Z),vLow,z50,tGripper\WObj:=wobjCool;
        MoveJ pRelPart3,vLow,fine,tGripper\WObj:=wobjCool;
        rGripperOpen;
        MoveJ Offs(pRelPart3,0,0,nCoolOffs_Z),vLow,z50,tGripper\WObj:=wobjCool;
        CASE 4:
        MoveJ Offs(pRelPart4,0,0,nCoolOffs_Z),vLow,z50,tGripper\WObj:=wobjCool;
        MoveJ pRelPart4,vLow,fine,tGripper\WObj:=wobjCool;
        rGripperOpen;
        MoveJ Offs(pRelPart4,0,0,nCoolOffs_Z),vLow,z50,tGripper\WObj:=wobjCool;
```

```
        CASE 1:
        MoveJ Offs(pRelPart1,0,0,nCoolOffs_Z),vLow,z50,tGripper\WObj:=wobjCool;
        MoveJ pRelPart1,vLow,fine,tGripper\WObj:=wobjCool;
        rGripperOpen;
        MoveJ Offs(pRelPart1,0,0,nCoolOffs_Z),vLow,z50,tGripper\WObj:=wobjCool;
        ENDTEST
        nRelPartNo :=nRelPartNo + 1;
        IF nRelPartNo > 4   THEN
            bFullOfCool :=TRUE;
            nRelPartNo :=1;
        ENDIF
    ENDPROC
```

检测完成后,机器人将零件放置在冷却台上进行冷却。

```
    PROC rRelGoodPart()
        WaitDI di05CNVEmpty,1;
        IF bFullOfCool =TRUE THEN
        IF nRelPartNo =1   THEN
            MoveJ Offs (pRelPart1, 0, 0, nCoolOffs _ Z), vLow, z20, tGripper \ WObj: =
wobjCool;
            MoveJ pRelPart1,vLow,fine,tGripper\WObj:=wobjCool;
            rGripperClose;
            MoveJ Offs (pRelPart1, 0, 0, nCoolOffs _ Z), vLow, z20, tGripper \ WObj: =
wobjCool;
        ELSEIF nRelPartNo =2   THEN
```

机器人放下零件后,运动到压铸机口上,等待下次压铸。

```
            MoveJ Offs (pRelPart2, 0, 0, nCoolOffs _ Z), vLow, z20, tGripper \ WObj: =
wobjCool;
            MoveJ pRelPart2,vLow,fine,tGripper\WObj:=wobjCool;
            rGripperClose;
            MoveJ Offs (pRelPart2, 0, 0, nCoolOffs _ Z), vLow, z20, tGripper \ WObj: =
wobjCool;
        ELSEIF nRelPartNo =3   THEN
            MoveJ Offs (pRelPart3, 0, 0, nCoolOffs _ Z), vLow, z20, tGripper \ WObj: =
wobjCool;
            MoveJ pRelPart3,vLow,fine,tGripper\WObj:=wobjCool;
            rGripperClose;
```

压铸机开始下次压铸准备

```
            MoveJ Offs (pRelPart3, 0, 0, nCoolOffs _ Z), vLow, z20, tGripper \ WObj: =
wobjCool;
        ELSEIF nRelPartNo =4   THEN
            MoveJ Offs (pRelPart4, 0, 0, nCoolOffs _ Z), vLow, z20, tGripper \ WObj: =
wobjCool;
            MoveJ pRelPart4,vLow,fine,tGripper\WObj:=wobjCool;
            rGripperClose;
```

```
                    MoveJ Offs(pRelPart4,0,0,nCoolOffs_Z),vLow,z20,tGripper\WObj:=
wobjCool;
                ENDIF
                WaitTime 0.2;
            ENDIF
```

压铸机收到再次压铸的信号,压铸机开始压铸,合模开始闭合。

```
            MoveJ Offs(pRelCNV,0,0,nCoolOffs_Z),vLow,z20,tGripper\WObj:=wobjCool;
            MoveL pRelCNV,vLow,fine,tGripper\WObj:=wobjCool;
            rGripperOpen;
            MoveL Offs(pRelCNV,0,0,nCoolOffs_Z),vLow,z20,tGripper\WObj:=wobjCool;
            MoveL Offs(pRelCNV,0,0,300),vLow,z50,tGripper\WObj:=wobjCool;
            MoveJ Offs(pRelPart2,0,0,nCoolOffs_Z),vFast,z50,tGripper\WObj:=wobjCool;
            MoveJ pPartCheck,vFast,z100,tGripper\WObj:=wobjCool;
            MoveJ pHome,vFast,z100,tGripper\WObj:=wobjDCM;
        ENDPROC
```

合模打开,机器人夹取零件,运动到检测器上,进行检测。

```
        PROC rRelDamagePart()
            ConfJ\off;
            MoveJ pHome,vLow,z20,tGripper\WObj:=wobjCool;
            MoveJ pMoveOutDie,vLow,z20,tGripper\WObj:=wobjCool;
            MoveJ pRelDaPart,vLow,fine,tGripper\WObj:=wobjCool;
            rGripperOpen;
            MoveL pMoveOutDie,vLow,z20,tGripper\WObj:=wobjCool;
            ConfJ\on;
        ENDPROC
```

零件经检测器检测后,机器人将其放置在冷却台上进行冷却。

```
        FUNC bool bCurrentPos(robtarget ComparePos,INOUT tooldata TCP)
        ! Function to compare current manipulator position with a given position
        VAR num Counter:=0;
        VAR robtarget ActualPos;
```

压铸机不断重复压铸,机器人放置零件后,自动开始循环上述步骤,实现压铸、取件一体化。

```
        ActualPos:=CRobT(\Tool:=TCP\WObj:=wobjDCM);
        IF ActualPos.trans.x>ComparePos.trans.x-25    AND ActualPos.trans.x<ComparePos.
trans.x+25   Counter:=Counter+1;
        IF ActualPos.trans.y>ComparePos.trans.y-25    AND ActualPos.trans.y<ComparePos.
trans.y+25   Counter:=Counter+1;
        IF ActualPos.trans.z>ComparePos.trans.z-25    AND ActualPos.trans.z<ComparePos.
trans.z+25   Counter:=Counter+1;
        IF ActualPos.rot.q1>ComparePos.rot.q1-0.1    AND ActualPos.rot.q1<ComparePos.rot.
q1+0.1   Counter:=Counter+1;
        IF ActualPos.rot.q2>ComparePos.rot.q2-0.1    AND ActualPos.rot.q2<ComparePos.rot.
q2+0.1   Counter:=Counter+1;
        IF ActualPos.rot.q3>ComparePos.rot.q3-0.1    AND ActualPos.rot.q3<ComparePos.rot.
q3+0.1   Counter:=Counter+1;
```

IF ActualPos.rot.q4＞ComparePos.rot.q4－0.1　AND ActualPos.rot.q4＜ComparePos.rot.q4＋0.1　Counter：＝Counter＋1；

RETURN Counter＝7；

ENDFUNC

机器人重复上述步骤，当零件第三次开始放置在冷却台上时，机器人夹取第一次零件，将零件放置在传送链上进行传送。机器人继续夹取压铸好的零件，放置在冷却台上，夹取第二次放置的零件放置在传送链上。循环上述程序。实现机器人自动压铸取件。

```
PROC rCheckHomePos()
    VAR robtarget pActualPos1;
IF NOT bCurrentPos(pHome,tGripper) THEN
    pActualpos1.trans.z：＝pHome.trans.z；
MoveL pActualpos1,v100,z10,tGripper；
    MoveL pHome,v100,fine,tGripper；
ENDIF
ENDPROC
PROC rReset_Out()
    Reset do04StartDCM；
    Reset do06AtPartCheck；
    Reset do07EjectFWD；
    Reset do09E_Stop；
    Reset do12Error；
    Reset do03GripperOFF；
    Reset do01RobInHome；
ENDPROC
PROC rCycleTime()
    ClkStop clock1；
    nCTime ：＝ClkRead(clock1)；
    TPWrite "the cycletime is"\Num：＝nCTime；
    ClkReset clock1；
    ClkStart clock1；
ENDPROC
```

机器人放置第 100 个零件后开始摆放第 95 个零件，使得零件不会一直停留在冷却台上。

```
PROC rSoftActive()
    SoftAct 1,99；
    SoftAct 2,100；
    SoftAct 3,100；
    SoftAct 4,95；
    SoftAct 5,95；
    SoftAct 6,95；
    WaitTime 0.3；
ENDPROC
PROC rSoftDeactive()
    SoftDeact；
    WaitTime 0.3；
```

```
        ENDPROC
    PROC rHome()
        MoveJ pHome,vFast,fine,tGripper\WObj：＝wobjDCM；
    ENDPROC
    PROC rGripperOpen()
        Reset do03GripperOFF；
        Set do02GripperON；
        WaitTime 0.3；
    ENDPROC
    PROC rGripperClose()
        Set do03GripperOFF；
        Reset do02GripperON；
        WaitTime 0.3；
    ENDPROC
```
系统关闭，机器人、压铸机、传送链等部件停止工作。
```
    PROC rReturnDCM()
        MoveJ pPartCheck,vFast,z100,tGripper\WObj：＝wobjCool；
        MoveJ pHome,vFast,z100,tGripper\WObj：＝wobjDCM；
    ENDPROC
ENDMODULE
```

（2）Halcon 机器视觉检测程序设计
```
* Image Acquisition 02：Code generated by Image Acquisition 02
open_framegrabber('GigEVision',0,0,0,0,0,0,'default',−1,'default',−1,'false','default','
0007480a733c_TheImagingSourceEuropeGmbH_DMK33G5',0,−1,AcqHandle)
    Protocol ：＝'TCP4'
Timeout ：＝−1
open_ socket _ connect ('192.168.125.1',61111,['protocol','timeout'],[Protocol,Timeout],
Socket)
    get_socket_param(Socket,'address_info',Address)
To ：＝[]
while(true)
receive_data(Socket,['c','z'],TakePicture,From)
if(TakePicture ＝＝49)
dev_close_window()
* Image Acquisition 01：Code generated by Image Acquisition 01
grab_image(Image,AcqHandle)
get_image_size(Image,Width,Height)
dev_open_window(0,0,Width/5,Height/5,'black',WindowHandle)
dev_display(Image)
gen_rectangle1  (ROI_0,746.036,239.685,961.479,2586.5)
reduce_domain(Image,ROI_0,ImageReduced)
threshold(ImageReduced,Regions,145,255)
connection(Regions,ConnectedRegions)
```

```
select_shape(ConnectedRegions,SelectedRegions,'area','and',10000,100000)
area_center(SelectedRegions,Area,Row,Column)
    HomMat2D:=[0.132922,0.00084504,-244.061,0.0000580255,0.132377,343.824]
    affine_trans_point_2d(HomMat2D,Column,Row,Qx,Qy)
    tuple_string(Qx,'.2f',YString)
    tuple_string(Qy,'.2f',XString)
    tuple_add(XString,',',Sum)
    tuple_add(Sum,YString,Sum1)
    tuple_add(Sum1,'/',Sum2)
    send_data(Socket,'A15',Sum2,To)
    TaPicture:=0
endif
 * close_socket(Socket)
endwhile
close_framegrabber(AcqHandle)
```

练习题

1.简述机器人搬运码垛工作站的工作流程和方案,并分析是否有其他可行的搬运码垛方案? 若有,需采用图文方式写出。

2.焊接机器人按末端不同,通常分为哪三种? 图 8-52 是点焊机器人工作站,查阅资料,写出图 8-52 所示工作站的组成。

1—_____,2—_____,3—_____,4—_____,5—_____,6—_____,
7—_____,8—_____,9—_____,10—_____,11—_____,
12—_____。

3.机器人装配工作站中使用的两台工业机器人是如何分工协作的,从末端类型和工艺路径两方面阐述。

4.机器人压铸入库和视觉检测是通过什么方式通信的? 写出其通信程序。

5."中国制造2025"战略的十大攻关方向之二为"高档数控和机器人",如图 8-53 所示,从布局、末端结构、工艺路径和程序设计等四个方面写出机器人数控上、下料工作站的技术应用素材。

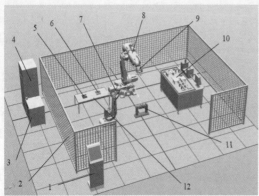

图 8-52 机器人弧焊工作站的总体布局

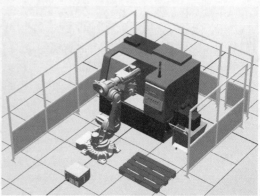

图 8-53 机器人数控机床上、下料工作站

第 9 章

智能机器人

2021 年春节联欢晚会上出现了一群特殊的伴舞——"拓荒牛"智能机器人,如图 9-1 所示。这是来自我国深圳优必选科技的大型四足机器人。其本体质量达 60 kg,最大负重达 15 kg,内置 16 个高精度、高力矩的伺服驱动器,全地形自适应,最大行走速度为 1.5 m/s。采用通用力控关节,同时满足高精度、高带宽力矩控制,具有较大的力矩/质量比,基于高精度激光雷达的自研导航定位方案,支持 3D 地图构建、自主定位导航,其中涉及的申请专利超 2 500 件。

2021 年 8 月 10 日晚,小米公司发布了旗下首款仿生四足机器人——CyberDog,又称"铁蛋",如图 9-2 所示。"铁蛋"内置了小米自研高性能伺服电动机,它能提供 32 N·m 的最大输出扭矩、220 r/min 的最大转速以及 3.2 m/s 的最快行走速度。它搭载了超感视觉探知系统、AI 语音交互系统,支持多种仿生动作姿态,能够完成后空翻等高难度动作。

图 9-1　春晚"拓荒牛"智能机器人

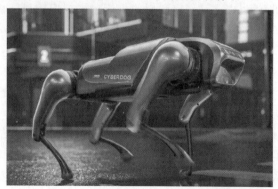

图 9-2　小米公司研发的"铁蛋"智能机器人

从目前来看,机器人真正变得智能起来还需要一些时日。市面上出现的这些仿生机器人都还只能完成一些简单的指令。随着人工智能时代的到来,机器人、信息、通信、人工智能进一步融合,历经电气时代、数字时代,机器人步入智能时代。在技术上,机器人从控制器、伺服电动机、减速器等传统的工业技术向计算机视觉、自然语言处理、深度学习等人工智能技术演进;在应用上,机器人从工业用户向商用、家庭、个人等领域推广,更加深入地融入人类社会;在人机交互方面,人类和机器人由相互隔离、互不干预发展到充分的人机协作、交互融合。相信在不久的未来,智能机器人会拥有一个庞大的市场。

9.1 智能机器人概述

9.1.1 智能机器人的定义

C-3PO 是《星球大战》系列电影中的一个人形机器人。其设计初衷是为人类服务,并声称精通 600 万种语言。它的主要工作是协助礼仪、习俗和翻译工作,以便拥有不同文化背景的人们交流起来很顺畅。

在现实世界里,由 SoftBank 公司开发的服务型人形机器人 Pepper(图 9-3、图 9-4)一经问世,便被抢购一空。它的最大卖点是:能识别出人类的情绪。如果你下班回家时看起来很悲伤,它便会建议你放点音乐舒缓情绪。

图 9-3 机器人 Pepper 在日本羽田机场上岗　　图 9-4 机器人 Pepper 推进智慧养老服务

随着技术的发展,机器人的更新迭代速度加快,原来只存在于科幻小说和电影中的各种机器人,现在已经离我们的生活越来越近,而且,机器人也越来越智能化。对于智能机器人的定义也在不断完善。

智能机器人之所以叫智能机器人,是因为它有相当发达的"大脑"。在"大脑"中起作用的是中央处理器,这种计算机跟操作它的人有直接的联系。最主要的是,这样的计算机可以进行按目的安排的动作。正因为这样,我们才说这种机器人是真正的机器人,尽管它们的外表可能各不相同。

广泛意义上理解所谓的智能机器人,它给人最深刻的印象是一个独特的进行自我控制的"活物"。其实,这个"活物"的主要器官并没有像真正的人类那样微妙而复杂。智能机器人具备形形色色的内部信息传感器和外部信息传感器,如视觉、听觉、触觉、嗅觉。除具有感受器外,它还有效应器,以作为作用于周围环境的手段,这就是筋肉,或称自整步电动机。通过自整步电动机可以使机器人的手、脚、长鼻子、触角等动起来。

截至 2021 年,科学界对智能机器人还没有一个统一的定义。我国在 2015 年发布的《中国智能机器人白皮书》中提及：智能机器人是具有感知、思维和行动功能的机器，是机构学、自动控制、计算机、人工智能、微电子学、光学、通信技术、传感技术、仿生学等多种学科和技术的综合成果。智能机器人可获取、处理和识别多种信息，自主地完成较为复杂的操作任务，比一般的工业机器人具有更大的灵活性、机动性和更广泛的应用领域。

9.1.2　智能机器人的发展历程

智能机器人产业作为衡量一个国家科技创新和高端制造业水平的重要标志，其发展越来越受到世界各国的广泛关注和高度重视。世界各大主要经济体为了抓住发展机遇，获得在以机器人为代表的高科技领域的竞争优势，纷纷将突破智能机器人技术、发展机器人产业上升为国家战略，其中以美国、欧洲、日本、韩国和中国为代表，均根据各自的生产力需求制定了机器人发展战略与计划。

1.国外智能机器人发展历程

美国作为最早开发及推广应用机器人的国家，其智能机器人技术在国际上一直处于领先水平，近年来，美国先后制定和发布了多项与机器人发展相关的战略及计划。2011 年，美国推行"先进制造业伙伴计划"，明确提出通过发展工业机器人重振制造业，开发新一代智能机器人。同年在卡耐基梅隆大学启动"国家机器人计划"，其目标是"建立美国在下一代机器人技术及应用方面的领先地位"。2013 年发布"机器人路线图：从互联网到机器人"，将智能机器人与 20 世纪互联网定位于同等重要地位，同时强调了机器人技术在制造业和医疗健康领域的重要作用。2016 年推出了"机器人路线图"更新版本，对无人驾驶、人机交互、陪护教育等方面的机器人应用提出了指导意见；同年推出"国家机器人计划 2.0"，致力于打造无处不在的协作机器人，让协作机器人与人类伙伴建立共生关系。2019 年美国政府在国家机器人计划的预算投入达 3 500 万美元。2020 年 9 月，美国政府发布第四版"机器人路线图"，从互联网到机器人，提出架构与设计实现、移动性、抓取和操作、感知、规划和控制、学习和适应、人机交互、多机器人协作等八个重点研究领域。

德国在机器人与自动化领域的重要性众所周知，其在机器人领域的优势主要集中在技术、研究与应用领域的前瞻性。20 世纪 70 年代中后期，德国政府强制规定"改善劳动条件计划"，对于一些危险、有毒、有害的工作岗位实施机器换人计划，为机器人的应用开拓了广泛市场。2013 年德国政府推出"工业 4.0 战略"，将物联网和信息技术引入，打造智能化模式。2016 年，德国政府发布"PAiCE 技术"计划，计划五年内投入 5 500 万美元（约合 5 000 万欧元）资金，重点支持数字产业平台发展，并通过这些平台促进企业间深度合作。其中针对机器人的项目主要聚焦服务机器人解决方案的平台搭建，涵盖的应用领域包括服务业、物流和制造业等。作为高科技战略的一部分，德国政府还鼓励工业界和行政管理部门率先应用新的数字技术。

日本机器人产业已有五十多年的历史，在市场规模、行业应用及技术水平方面均处于世界领先地位，素有"机器人王国"的美誉。日本始终保持对机器人产业的高度重视，制定了机器人技术长期发展战略，同时，日本政府将机器人作为经济增长战略的重要支柱。2014 年 6 月，日本政府通过"日本振兴战略"，提出推动"机器人驱动的新工业革命"，讨论相关的技术进步、监管改革以及机器人技术的全球化标准等举措。在机器人路线中，将新世纪工业机器人列为重点发展的 3 个领域之一。2015 年发布《机器人新战略》，旨在将机器人与计算机技术、大数据、网络、人工智能等深度融合，在日本积极建立世界机器人技术创新高地，营造世界一流的机器人应用社会，引领新时代智能机器人发展。2019 年，由于疫情、市场饱和、贸易摩擦、他国机器人高速发展等原因，导致其市场表现不佳，产量和销量都经历了较大幅度的下跌。

韩国机器人产业起步较晚，但是发展速度相当快，智能机器人被视为 21 世纪推动国家经济增长的十大"发动机产业"之一。在 2008 年 3 月制定了《智能机器人开发及普及促进法》，并据此每五年制定一期机器人产业发展基本规划，相关部门会依据这一基本规划制订具体的年度执行计划，涵盖研发、投产、应用等各个环节，以系统化方式推动机器人产业政策落地实施。2009 年 4 月公布了《智能机器人基本计划》，逐步完成从传统制造型机器人向智能服务型机器人转变。同年发布了"服务机器人产业发展战略"，目标是成为世界机器人强国。2012 年推出"机器人未来战略 2022"，计划投资 3 500 亿韩元，将 2 万亿韩元规模机器人产业扩展 10 倍；将机器人打造为支柱型产业，重点发展救灾机器人、医疗机器人、智能工业机器人、家庭机器人等 4 大类机器人，实现 All-robot 时代愿景。韩国知识经济部于 2013年制定了《第 2 次智能机器人行动计划（2014－2018 年）》，到 2018 年韩国机器人国内生产总值达 20 万亿韩元，挺进"世界机器人三大强国行列"。2019 年是韩国第三个机器人开发五年规划（2019－2023）的开局之年，这项规划将对韩国具有发展潜力的公共和私营领域进行系统性选择和整合，重点领域有制造业、特定的服务机器人、下一代关键零部件和关键机器人软件。

2.国内智能机器人发展历程

自 2013 年以来，中国已成为全球最大的机器人市场，且仍具有巨大的市场潜力。为促进我国机器人产业健康发展，工信部等部委陆续出台一系列后续产业发展促进措施。2015年颁布的《中国制造 2025》，为我国"工业 4.0"的发展奠定了基础，其中明确提出把智能制造作为量化深度融合的主攻方向。在工信部、国家发改委和财政部三部委联合印发的《机器人产业发展规划（2016－2020 年）》中，将智能机器人的发展应用作为重要的发展目标和主要任务，并提出"新一代机器人技术取得突破，智能机器人实现创新应用；推进工业机器人向中高端迈进；促进服务机器人向更广领域发展"。要求五年内形成我国较为完善的机器人产业体系。根据工信部的部署，下一阶段相关产业促进政策将着手解决两大关键问题：一是推进机器人产业迈向中高端发展；二是规范市场秩序，防止机器人产业无序发展。2016 年 12 月29 日，工信部、国家发改委、国家认监委联合发布《关于促进机器人产业健康发展的通知》，旨在引导我国机器人产业协调健康发展。与此同时，工信部制定了《工业机器人行业规范条件》，以促进机器人产业规范发展。2020 年，在十四五规划中，要重点提升产业创新能力，夯实产业发展基础，增加高端产品供给，拓展应用深度广度。

9.1.3 智能机器人的技术参数

智能机器人的技术参数通常由以下几个模块组成：①机器人控制系统，包括各类控制模块的原理与组成；②机器人运动系统，包括电动机与舵机的原理与控制方法；③机器人动作系统，包括机器人各部件的协调控制；④机器人视觉系统，包括典型的超声波、影像传感器的原理与识别算法;⑤机器人情感表现系统,包括人与机器人的交互原理;⑥机器人网络协作系统,包括机器人之间的数据与信息的传递方法。如图9-5所示为双足机器人系统。

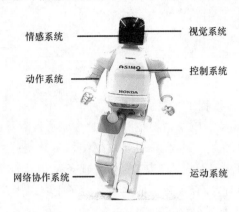

情感系统　　　　　　　　视觉系统

动作系统　　　　　　　　控制系统

网络协作系统　　　　　　运动系统

图 9-5　双足机器人系统

一个理想化的、完善的智能机器人系统与普通机器人一样,通常由五个部分组成:机械本体、感知系统、驱动装置、控制系统和通信系统。为对本体进行精确控制,感知系统应提供机器人本体或其所处环境的信息。感知系统一般采用CCD摄像机(视觉传感器)、激光测距传感器、超声波测距传感器、接触和接近传感器、红外线测距传感器和雷达定位传感器等,多传感器融合是其发展方向,随着计算机技术、人工智能及传感技术的迅速发展,智能机器人在控制系统方面的研究具备了坚实的技术基础和良好的发展前景。控制系统依据控制程序产生指令信号,通过驱动器使机械本体各臂杆端点按照要求的轨迹、速度和加速度,以一定的姿态到空间指定的位置。驱动装置将控制系统输出的信号转换成大功率的信号,以驱动执行器工作。

1.机械结构

智能机器人的机械结构由手部、腕部、臂部、机身和行走机构组成,机器人必须有一个便于安装的基础件机座。机座往往与机身做成一体,机身与臂部相连,机身支承臂部,臂部又支承腕部和手部。

机器人为了进行作业,必须配置操作机构,这个操作机构称为手部,也称为手爪或料端操作器。连接手部和臂部的部分,称为腕部,其主要作用是改变手部的空间方向和将载荷传递到臂部。臂部连接机身和腕部,主要作用是改变手部的空间位置,满足机器人的作业空间,并将各种载荷传递到机身。机身是机器人的基础部件,它起着支承作用。对于固式机器人,机身直接连接在地面基础上;对于移动式机器人,机身安装在行走机构上。

行走机构是行走机器人的重要执行部件,它由驱动装置、传动机构、位置检测元件、传感器、电缆及管路等组成。行走机器人的行走机构主要有车轮式行走机构、履带式行走机构和足式行走机构。此外,还有步进式行走机构、蠕动式行走机构、混合式行走机构和蛇行式行走机构等,以适应各种特殊的场合。

车轮式行走机器人是机器人中应用最多的一种,在相对平坦的地面上,用车轮移动的方式行走是相当优越的。不同车轮形式如图9-6所示。

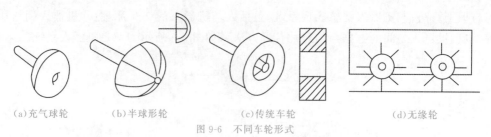

(a)充气球轮　　　(b)半球形轮　　　(c)传统车轮　　　(d)无缘轮

图9-6　不同车轮形式

　　图9-7所示为我国登月工程中"玉兔"月球车的车轮,该车轮是镂空金属带轮,镂空是为了减少扬尘,因为在月面环境影响下,"玉兔"行驶时很容易打滑,月壤细粒会大量扬起飘浮,进而对巡视器等敏感部件产生影响,容易引起机械结构卡死、密封机构失效、光学系统灵敏度下降等故障。为应对"月尘"困扰,"玉兔"的轮子辐条采用钛合金,筛网用金属丝编制,在保持高强度和抓地力的同时,减轻了轮子的质量。轮子上有二十几个抓地爪露在外面。

图9-7　"玉兔"月球车的车轮

　　传动机构主要包括移动关节导轨及转动关节轴承,移动关节导轨的作用是在机器人运动过程中保证位置精度和导向。球轴承作为转动关节轴承,是机器人和机械手结构中最常用的轴承。

　　手臂部件(臂部)是机器人的主要执行部件,它的作用是支撑腕部和手部,并带动它们在空间中运动。手臂的各种运动通常由驱动机构和各种传动机构来实现。

　　机器人手腕是在机器人和手爪之间用于支承和调整手爪的部件。机器人手腕主要用来确定被抓物体的姿态,一般采用三自由度多关节机构,由旋转关节和摆动关节组成。

　　手爪是机器人直接用于抓取和握紧专用工具进行操作的部件。它具有模仿人手动作的功能,并安装于机器人手臂的前端。机械手能根据计算机发出的命令执行相应的动作,它不仅是一个执行命令的机构,还应该具有识别的功能,也就是"感觉"。为了使机器人的手具有触觉,在手掌和手指上都装有带弹性触点的元件。如果要感知冷暖,可以装上热敏元件,在各指节的连接轴上装有精巧的电位器,它能把手指的弯曲角度转换成外形弯曲信息。将外形弯曲信息和各指节产生的接触信息一起送入计算机,通过计算机能迅速判断机械手所抓的物体的形状和大小。

　　机身是直接连接、支承和传动手臂及行走机构的部件。

　　2.机器人传感器

　　机器人发展到现在,传感器起着至关重要的作用。智能化的机器人接收处理各类信息时，必须通过各种传感器来获取。机器人传感器可以分为视觉、听觉、触觉、压觉、接近觉、力觉和滑觉七类。

　　视觉传感器是将景物的光信号转换成电信号的器件，主要原理是从一整幅图像捕获光纤的数以千计的像素。图像的清晰和细腻程度通常用分辨率来衡量，以像素数量表示。

　　与人类视觉系统的作用一样，机器人视觉系统赋予机器人一种高级感觉机构，使机器人能以"智能"和灵活的方式对其周围环境做出反映。机器人的视觉信息系统包括图像传感器、数据传递系统以及计算机和处理系统。机器人视觉系统主要利用颜色、形状等信息来识别环境目标。以机器人对微色的识别为例，当摄像头获得彩色图像以后，机器人上的嵌入计算机系统将模拟视频信号数字化，将像素根据颜色分成两部分，即感兴趣的像素（搜索的目标颜色）和不感兴趣的像素（背景颜色）。然后对感兴趣的像素进行 RGB 颜色分量的匹配。为了减少环境光强度的影响，可把 RGB 颜色空间转化到 HS 颜色空间。图 9-8 所示为典型机器人视觉系统。

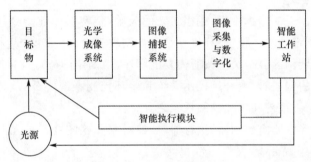

图 9-8　典型机器人视觉系统

　　听觉传感器是人工智能装置，它是利用语音信息处理技术制成的。在某些环境中，要求机器人能够测知声音的音调、响度，区分左、右声源，有的甚至可以判断声源的大致方位。一台高级的机器人不仅能听懂人讲的话，而且能讲出人听得懂的语言，赋予机器人这些智慧的技术统称为语音合成技术。

　　机器人的听觉功能通过听觉传感器采集声音信号，经声卡输入机器人"大脑"。机器人拥有了听觉，就能够听懂人类语言，即实现语音的人工识别和理解，因此机器人听觉传感器可分为如下两类：声检测型，用于测量距离；语音识别型，用于建立人和机器之间的对话。

　　触觉传感器可以被定义为能够通过手与物体之间的物理接触来评估物体的给定特性的工具。人的触觉是通过四肢和皮肤对外界物体的一种物性感知。触觉使人们可以精确地感知、抓握和操纵各种各样的物体，是和环境互动的一种重要方式。为了使机器人能感知被接触物体的特性及传感器接触对象后自身的状况（如是否握牢对象物体和对象物体在传感器什么部位等），常使用触觉传感器。

　　优必选的"悟空"机器人（图 9-9）可进行听觉、视觉和触觉等多模态交互。在任何场景下，10 m 之内只需要喊一声"悟空悟空"，便能立即唤醒它，且"悟空"还能根据声音的方向，礼貌地转向交谈对象。

（a） （b）

图 9-9 优必选的"悟空"机器人

3.机器人驱动系统

驱动系统是机器人结构中的重要部分。智能机器人驱动器是用来使机器人发出动作的动力机构，可将电能转化为机器人的动力。驱动器在机器人中的作用相当于人体的肌肉。

4.机器人控制系统

控制系统是机器人的指挥中枢，相当于人的大脑，负责对作业指令信息、内外环境信息进行处理，并依据预定的本体模型、环境模型和控制程序做出决策，产生相应的控制信号，通过驱动器驱动执行机构的各个关节按所需要的顺序，沿确定的位置或轨迹运动，完成特定的作业。从控制系统的构成看，有开环控制系统和闭环控制系统之分；从控制方式看，有程序控制系统、适应性控制系统和智能控制系统之分。

机器人控制系统主要由控制器、执行器、被控对象和检测变送单元四部分组成，各部分之间的关系如图 9-10 所示。

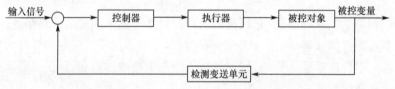

图 9-10 控制系统组成

5.机器人通信系统

通信系统是智能机器人个体以及群体系统工作的一个重要组成部分。机器人通信技术是机器人之间进行交互和组织的基础。机器人的通信可以从通信对象角度分为内部通信和外部通信。内部通信是指协调模块间的功能行为，它主要通过各部件的软硬件接口来实现。外部通信是指机器人与控制者或机器人之间的信息交互，它一般通过独立的通信专用模块与机器人连接整合来实现。智能机器人的主要通信方式有无线射频通信、无线传感器通信、Wi-Fi 技术及 5G 通信。

9.2　智能机器人分类

　　智能机器人更新换代速度较快,应用领域持续拓展,新机型、新功能不断涌现,导致智能机器人的分类也越来越多,下面将按照功能、智能程度、形态、使用途径具体介绍智能机器人的分类情况。

9.2.1　按功能分类

1.传感型机器人

　　传感型机器人又称外部受控机器人。机器人的本体上没有智能单元,只有执行机构和感应机构,它具有利用传感信息(包括视觉、听觉、触觉、接近觉、力觉和红外、超声及激光等)进行传感信息处理、实现控制与操作的能力。它受控于外部计算机,机器人世界杯的小型组比赛使用的机器人就属于这样的类型。

2.自主型机器人

　　在设计制作之后,机器人无须人的干预,能够在各种环境下自动完成各项拟人任务。自主型机器人的本体上具有感知、处理、决策、执行等模块,可以像一个自主的人一样独立地活动和处理问题,如图 9-11 所示的远程遥控机器人。许多国家都非常重视全自主移动机器人的研究。基于感觉控制的智能机器人已达实际应用阶段,基于知识控制的智能机器人也取得较大进展,已研制出多种样机。如图 9-12 所示的足球机器人便属于自主型机器人。

图 9-11　远程遥控机器人　　　　　　　　图 9-12　足球机器人

3.交互型机器人

　　机器人通过计算机系统与操作员或程序员进行人-机对话,实现对机器人的控制与操作。虽然具有了部分处理和决策功能,能够独立地实现一些诸如轨迹规划、简单的避障等功能,但是还要受到外部的控制。如图 9-13 所示的"阿尔法"围棋机器人与李世石对战围棋。图 9-14 所示的第一位"机器人公民"索菲亚。

图 9-13　"阿尔法"围棋机器人对战李世石

图 9-14　第一位"机器人公民"索菲亚

9.2.2　按智能程度分类

智能机器人是在工业机器人基础上发展起来的,现在已开始用于生产和生活的许多领域,按其拥有的智能水平可以分为两类:

1.初级智能机器人

初级智能机器人具有像人一样的感受、识别、推理和判断能力。可以根据外界条件的变化,在一定范围内自行修改程序,也就是它能适应外界条件变化对自己做相应调整。修改程序的原则由人预先规定,初级智能机器人已拥有一定的智能。虽然还没有自动规划能力,但初级智能机器人也开始走向成熟,达到实用水平。

2.高级智能机器人

高级智能机器人具有感觉、识别、推理和判断能力,同样可以根据外界条件的变化,在一定范围内自行修改程序。不同的是,修改程序的原则不是由人规定的,而是机器人自己通过学习、总结经验来获得修改程序的原则。它的智能高与初级智能机器人。这种机器人已拥有一定的自动规划能力,能够自己安排自己的工作。这种机器人可以不要人的照料,完全独立地工作,故又称为高级自律机器人。这种机器人也开始走向实用。

9.2.3　按照形态分类

1.仿人智能机器人

模仿人的形态和行为而设计制造的机器人就是仿人智能机器人,它一般分别或同时具有仿人的四肢和头部。机器人可根据不同应用需求被设计成不同形状和功能,如步行机器人、写字机器人、奏乐机器人、玩具机器人等,如图 9-15 至图 9-16 所示。

图 9-15　丰田汽车公司的机器人在陈列室演奏乐器

图 9-16　写字机器人

仿人智能机器人集机械、电子、计算机、材料、传感器、控制技术等多门科学于一体,代表着一个国家的高科技发展水平。

2.拟物智能机器人

拟物智能机器人是指仿照各种各样的生物、日常使用物品、建筑物、交通工具等做出的机器人,采用非智能或智能的系统来方便人类生活的机器人,如机器宠物狗、六脚机器昆虫、轮式或履带式机器人,如图 9-17 所示。

图 9-17 仿生四足机器人

9.2.4 按照使用途径分类

1.特殊灾害型机器人(图 9-18 至图 9-23)

该技术主要针对核电站事故、NBC(核、生物、化学)恐怖袭击等情况。远程操控机器人装有轮带,可以跨过瓦砾测定现场周围的辐射量、细菌、化学物质、有毒气体等状况并将数据传给指挥中心,指挥者可以根据数据选择污染较少的进入路线。

现场人员将携带测定辐射量、呼吸、心跳、体温等数据的机器开展活动,这些数据将即时传到指挥中心,一旦发现有中暑危险或测定精神压力、发现危险性较高时可立刻指挥撤退。

图 9-18 室外智能巡检机器人

图 9-19 城市轨道智能巡检机器人

图 9-20 新松履带式救援机器人

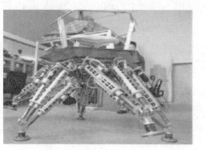

图 9-21 "六爪章鱼"运载救援机器人

图 9-22 "RoboCue"伤员护送机器人

图 9-23 "灵蜥"多功能排爆机器人

2.医疗机器人

医疗机器人是指用于医院、诊所的医疗或辅助医疗的机器人,是一种智能型服务机器人,它能独自编制操作计划,依据实际情况确定动作程序,然后把动作变为操作机构的运动。

比如外形与普通胶囊无异的"胶囊内镜机器人"(图 9-24),通过这个智能系统,医生可以通过软件来控制胶囊机器人在胃内的运动,改变胶囊姿态,按照需要的角度对病处重点拍摄照片,从而达到全面观察胃黏膜并做出诊断的目的。

"达·芬奇"机器人(图 9-25),全称为"达·芬奇高清晰三维成像机器人手术系统"。达·芬奇手术机器人是目前世界范围最先进的应用广泛的微创外科手术系统,适合普外科、泌尿外科、心血管外科、胸外科、妇科、五官科、小儿外科等微创手术。这是当今全球唯一获得FDA 批准应用于外科临床治疗的智能内镜微创手术系统。

图 9-24 胶囊内镜机器人

图 9-25 "达·芬奇"机器人

3.智能人形机器人

智能人形机器人也叫作仿人机器人,是具有人形的机器人。现代的智能人形机器人是一种智能化机器人,如 ROBOT X 智能人形机器人,在机器的各个活动关节配置有多达 17 个伺服器,具有 17 个自由度,特别灵活,更能完成诸如手臂后摆 90°的高难度动作。

它还配以设计优良的控制系统,通过自身智能编程软件便能自动地完成整套动作。智能人形机器人可完成随音乐起舞、行走、起卧、武术表演、翻跟斗等杂技以及各种奥运竞赛动作,如优必选、日本的 Paper 机器人。

人工智能机器人将为各行各业带来深远的改变。其在国内外的发展应用无论从规模上还是创新的应用模式上,都呈现出快速增长的势头。

9.3 智能机器人的研究现状与发展趋势

原中国工程院原院长宋健指出:"机器人学的进步和应用是 20 世纪自动控制最有说服力的成就,是当代最高意义上的自动化。"机器人技术综合了多学科的发展成果,代表了高技术的发展前沿,它在人类生活应用领域的不断扩大正引起国际上对机器人技术的作用和影响的重新认识。

近些年,全球机器人市场呈现持续扩张与繁荣状态,机器人的技术日趋进步与成熟。在国内外相继形成了一批具有代表性的研究院所和知名企业,在研究院所方面,例如:Massachusetts Institute of Technology(MIT)计算机科学和智能实验室、Stanford University 人工智能实验室、Carnegie Mellon University(CMU)机器人研究所、Georgia Institute of Technology 人机交互实验室、Waseda University 仿人机器人研究院、University of Tsukuba 智能机器人研究室、德国宇航中心机器人研究室等。国内的沈阳自动化研究所、哈尔滨工业大学机器人研究所、上海交通大学机器人研究所、中国科学院自动化研究所、北京航空航天大学机器人研究所、北京理工大学智能机器人研究所、西安交通大学人工智能与机器人研究所等。

在知名机器人企业方面,包括工业机器人 4 大家族的瑞士 ABB 公司、德国 KUKA 公司、日本 Yaskawa Electrics 公司和 FANUC 公司,还有美国 Northrop Grumman 公司、美国 iRobot 公司、美国 Intuitive Surgical 外科手术机器人公司、英国 ABP 公司、瑞典 Saab Seaeye 水下机器人公司、德国 Reis 机器人集团、加拿大 Pesco 公司、法国 Aldebaran 公司等。国内的新松机器人自动化股份有限公司、哈尔滨博实自动化股份有限公司、南京埃斯顿自动化股份有限公司、安徽埃夫特智能装备股份有限公司、广州数控设备有限公司、大疆创新科技有限公司、纳恩博机器人公司、富士康科技集团、深圳优必选科技有限公司、康力优蓝机器人科技有限公司、穿山甲机器人有限公司、北京天智航技术有限公司、北京柏惠维康科技有限公司等。这些企业在其所在领域和地区已成为支柱型产业,在推动机器人产品的应用和市场化方面做出了不可磨灭的贡献。

9.3.1 智能机器人研究现状

近年来,国内外智能机器人热门产品不断涌现。在双臂协作机器人、智能物流 AGV、无人驾驶、医疗手术及康复机器人、智能服务机器人和特种机器人等方面,相关的研究机构或机器人公司取得了重要突破。

1.智能服务机器人技术研究与应用现状

在智能服务机器人方面,前沿科技的领域主要有服务机器人智能材料与新型结构、服务机器人感知与交互控制、服务机器人认知机理与情感交互、服务机器人的人机协作与行为控制、云服务机器人与服务机器人遥操作等。社交智能化机器人服务平台、医用机器人服务、智能交通系统、智能感知识别、大数据与人工智能、生物材料与刚柔耦合软体机器人、微纳制造与智能硬件等领域已成为服务机器人的热点应用领域。未来智能服务机器人及产业将向交叉融合基础技术、以服务人为核心、定制化智能制造等方向发展。当前,国外在智能算法方面和技术创新方面具有优势,而国内通过代加工进行技术积累,加上运营上的努力,取得了明显进步。在家庭服务机器人方面,机器人主要进行打扫清洁、家庭助理和生活管家的工作,国内外主要有美国 iRobot 公司的 Roomba 系列吸尘清扫机器人、Neato 公司的 XV 系列清扫机器人,国内科沃斯公司的扫地机器人和擦窗机器人等系列;此外还有 RoboDynamics 公司的 Luna、法国蓝蛙机器人公司的 Buddy、国内的小鱼在家公司推出的智能陪伴机器人等系列,可完成照顾老人儿童、事件提醒和巡逻家庭的任务。在娱乐教育机器人方面,法国 Aldebaran Robotics 公司的教育机器人 Nao,采用开放式编程框架,开发者对 Nao 进行开发,使其完成踢球、跳舞等复杂动作。随后又与软银集团合作研发了新一代"情感机器人" Pepper,它配备了语音识别和面部识别技术,可通过识别人类的语调和面部表情,完成与人的交流和表情变化。

谢菲尔德机器人研究中心研制出的先进类人型机器人 iCub,拥有触觉和手眼配合能力,配备有复杂的运动技能和感知能力,并可通过语言、动作以及协作能力与周围的环境交互。家庭社交型机器人 Jibo,以类人的方式与人交流而且可为家庭拍照担当家庭助理。在国内,360 公司为儿童打造的 360 儿童机器人,基于大数据搜索和语音交互功能为儿童提供拍照、儿歌和教育功能。在春晚上表演舞蹈大放光彩的 Alpha1 机器人由优必选公司推出。由北京康力优蓝开发的商用机器人"优友",可完成导购咨询、教学监护的任务。

此外,在短程代步功能机器人方面,国内短途交通领导企业 Ninebot(纳恩博)完成对 Segway 的全资收购,其推出的 WindRunner 系列及 Ninebot 系列无论在市场还是技术方面均处于世界领先地位。服务机器人活跃于家庭、商业和科研等领域的典型代表如图 9-26 所示。

(a) 系列吸尘清扫　　(b) 教育机器人 Nao　　(c) 幼儿陪护机器人　　(d) 新一代情感　　(e) 商用机器人优友　　(f) 短程代步机器人
机器人 Roomba　　　　　　　　　　　　　　　　　　　　机器人 Peooer　　　　　　　　　　　　Ninebot

图 9-26　服务机器人活跃于家庭、商业和科研等领域

2.医疗机器人技术研究与应用现状

在医疗外科机器人方面,其具有出血少、精准度更高、恢复快的优势,市场潜力巨大。da Vinci 外科手术机器人,至今已推出第 4 代,全球累计安装近 4 000 台,完成手术 300 万例,是目前世界上最成功的医疗外科机器人。

此外,以色列 Microbot Medical 公司研发推出的 ViRob,是可远程应用电磁场控制的自动爬行微机器人,可将摄像机、药物或器材运送到身体细窄弯曲的部位,如血管、消化道等,协助医生实行微创手术。在国内,北京航空航天大学机器人研究所联合海军总医院,率先进行医疗脑外科机器人研究,2003 年设计出了适合辅助脑外科手术的机器人,目前已经完成第 5 代的研制与临床应用。2013 年,国家"863"计划资助项目"微创腹腔外科手术机器人系统",由哈尔滨工业大学机器人研究所研制成功,在手术机器人系统的机械设计、主从控制算法、三维腹腔镜与系统集成等关键技术上实现突破。2014 年 4 月,在中南大学湘雅三医院

使用由天津大学研发的微创外科手术机器人系统"妙手 S"顺利完成了 3 例手术,这是我国自主研制的手术机器人系统首次运用于临床。重庆金山科技(集团)有限公司专注于研发胶囊内窥镜,新推出的 OMOM 胶囊机器人具有主动推进功能,使医生获得更灵活的视野。北京天智航技术有限公司是目前国内最大的骨科医疗机器人公司,第一代产品"GD-A"主要应用于长骨骨折,第二代产品"GD-2000"应用于股骨颈骨骨折等创伤骨科手术,第三代产品"TiRobot"(又名"天玑")骨科手术机器人是通用型产品,能够覆盖骨盆、髋臼、四肢等部位的创伤手术及全节段脊柱外科手术,产品适用覆盖率大幅提升的同时,也完成了对使用便捷性、定位功能和软件友好性的优化。且均获得 CFDA 核发的第三类医疗器械注册证。北京天智航技术有限公司的三代骨科医疗机器人如图 9-27 所示。

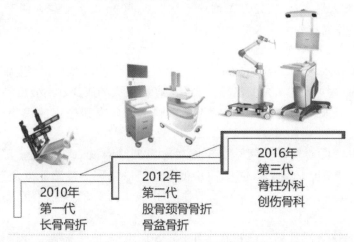

图 9-27　北京天智航技术有限公司的三代骨科医疗机器人

3.特种机器人技术研究与应用现状

在特种机器人方面,特种机器人是替代人在危险、恶劣环境下作业必不可少的工具,可以辅助完成人类无法完成的作业(如空间与深海作业、精密操作、管道内作业等)的关键技术装备。美国在特种机器人方面处于世界领先地位,我国在政策鼓励下进步明显,尤其是在水下机器人方面具有突出进步。

由美国 Recon Robotics 公司推出的战术微型机器人 Recon Scout 和 Throwbot 系列具有质量轻、体积小、无噪声和防水防尘的特点。由 Sarcos 公司最新推出的蛇形机器人 Guardian S,可在狭小空间和危险领域打前哨,并协助灾后救援和特警及拆弹部队的行动。

由斯坦福大学研究团队发明的人形机器人 OceanOne 采取 AI+触觉反馈的协同工作方式,让机器人手部能够感受到所抓取物体的质量与质感,实现对抓取力量的精确掌控。美国波士顿动力公司致力于研发具有高机动性、灵活性和移动速度的先进机器人(图 9-28),先后推出了用于全地形运输物资的 BigDog,拥有超高平衡能力的双足机器人 Atlas 和具有轮腿结合形态并拥有超强弹跳力的 Handle。

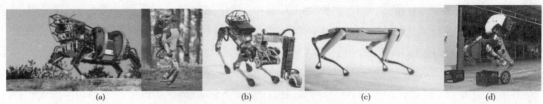

图 9-28　Boston 动力公司的机器人典型代表

在国内,沈阳新松机器人自动化有限公司研制了我国首台具有生命探测功能的下探测救援机器人。此外哈尔滨工业大学机器人集团研制成功并推出了排爆机器人、爬壁机器人、管道检查机器人和轮式车底盘检查机器人等多款特殊应用机器人。在水下机器人方面,7 000 米级深海载人潜水器"蛟龙号",创造了下潜 7 062 m 的世界载人深潜纪录,是目前世界上下潜能力最深的作业型载人潜水器。

4.无人驾驶技术研究与应用现状

在无人驾驶方面,安全可靠的自动驾驶技术将挽救大量驾驶人员的生命,并极大地解放人们的通勤时间,这对人们未来的出行方式有望产生极大的改变。高效可靠的算法、雄厚的工程与资金实力以及政策的支持,是对无人驾驶技术研究和推广的关键因素,三者缺一不可。

谷歌较早布局自动驾驶,于 2015 年成功实现上路测试。电动汽车厂家特斯拉启用 Autopilot 系统,该系统中集成了雷达、多摄像头和超声波雷达传感器以及 NVDIA 公司研发 DRIVE PX2 处理器,可实现完全自动驾驶,推广应用以来,已经积累了 1.6 亿公里以上的行驶里程。

在国内,百度无人车计划也已执行多年,在 2016 年与北汽新能源合作开发出可达"L4级无人驾驶"的智能汽车 EU260,并推出了开源的"阿波罗计划",宣布开放自动驾驶平台,希望解决传统汽车厂商的转型之痛。2018 年 7 月 10 日,百度公司与宝马集团合作,宝马集团加入"阿波罗计划"(图 9-29)。此外,滴滴出行科技有限公司、北京景驰科技有限公司、北京中科寒武纪科技有限公司、地平线机器人科技有限公司以及北京图森未来科技有限公司等众多公司和科研团队均加入无人驾驶技术的竞争中,相信在不久的未来,具有真正完全自动驾驶功能的汽车会融入人们的生活。

图 9-29　无人驾驶技术竞争激烈,谷歌、优步、特斯拉、百度布局无人驾驶

5.智能物流机器人技术研究与应用现状

在智能物流方面,以智能 AGV 为代表的仓储机器人在生产应用中发挥越来越大的作用。传统的 AGV 利用电磁轨道设立行进路线,根据传感器进行避障,保障系统在不需要人工引导的情况下沿预定路线自动行驶。而现代仓储机器人融合了 RFID 自动识别、激光引导、无线通信和模型特征匹配技术,使机器人更加精确地完成定位、引导和避障操作。结合大数据、物联网技术与智能算法,路径规划和群体调度的效率也大大提高。

2012 年,亚马孙(Amazon)在各个仓库大规模部署物流机器人 Kiva(图 9-30),可将货架从仓储区移动到拣货的仓库员工面前,工作准确率达99.99%,颠覆了电商物流中心作业"人找货"的传统模式,实现了"货找人"的新模式,大大降低了人力成本,提高了物流效率。根据2013年的报告显示,Kiva机器人帮助亚马逊将普通订单的交付成本下降20%至40%,预估每年能节约9亿美元左右。

图 9-30 Amazon 仓库中的 Kiva 机器人正在快速搬运货物

而在国内,天猫、京东等也纷纷尝试应用仓储机器人。在天津的阿里菜鸟仓库中,部署了 50 台由北京极智嘉科技有限公司开发的 Geek+仓储机器人用于协助商品分拣工作,日出货能力超过 2 万件,节约人力 40 多。上海快仓智能科技是国内最大的仓储机器人公司之一,并与唯品会、京东等合作,推出和应用了快仓机器人系统,单仓超 100 台,日出货量达 4 万～5 万单,单仓最大日出货能力超过了 10 万件。在申通临沂仓库分拣区,投入了由海康机器人设计开发的"阡陌"智能仓储系统,与工业相机的快速读码技术及智能分拣系统相结合,实现 5 kg 以下得到小件快递包裹称重/读码后的快速分拣,并根据机器人调度系统的指挥,基于二维码和惯性导航,以最优路径投递包裹,能实现每小时处理包裹 2 万单。

据 Tractica 预测,2021 年全球仓储和物流机器人市场将达到 224 亿美元,这期间是快速增长的爆发期。另外,除了在物流仓储方面的应用,亚马逊于 2016 年 12 月完成了首次商用无人机送货。

6 案例:基于 3D 视觉的快递收发机器人

近年来,武昌工学院机器人工程团队研究开发的基于 3D 视觉的快递收发机器人,正是响应新时代便捷、高效的智能物流技术需求。通过 HALCON 与 C# 的联合,开发快递收发的视觉上位机。上位机分为分为存快递与取快递两个模块。在存快递中,通过摄像机获取并在 PC 端完成图像处理获取到快递的条形码信息与快递的尺寸信息,并存储在上位机当中,上位机通过串口通讯发送快递柜信息传给单片机,以此控制机器人动作;取快递中,用户选择扫码或手动输入快递信息(或身份信息),上位机进行数据的分析后将快递柜信息发送给单片机进行下一步动作。

(1)快递外形信息的获取

获取盒子外形信息首先要确定盒子的位置,本文选择阈值分割的方式找出盒子外形区域,所使用的算子为:"threshold()"(图 9-32),其对应数学表达式为:

$$MinGray < g < MaxGray \tag{式 9.1}$$

其中,g 为获取到的区域,MinGray 为灰度值设定下限,MaxGray 为灰度值设定上限。找出区域后由于环境模拟的问题,有其他区域的干扰,将获得的区域使用"connection()"连通域操作后,使用"select_shape()"算子进行筛选,其对应数学表达式为:

$$Min_i \leqslant Feature_i(Object) \leqslant Max_i \tag{式 9.2}$$

其所代表的含义为获得指定筛选方法的在数值区域内的区域。

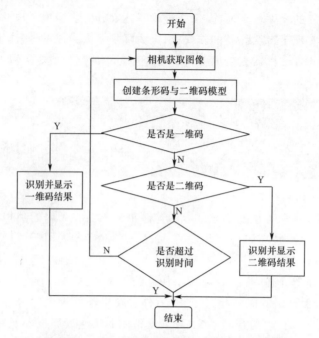

图 9-31 快递识别流程图

图 9-32 阈值分割

(2)获得图像深度信息程序及说明：

首先要对两个相机进行双目标定，这里使用手动标定的方法进行标定，首先要提前获取到左相机与右相机含有标定图的图像，并多次获取，一一对应。开始时先初始化左右相机参数，读取到标定图像后，使用 find_caltab()算子获取标定板在图象上的区域，再用 find_marks_and_pose()算子估算两个相机的位姿参数，最后用 binocular_calibration()算子进行双目相机的标定。标定完成后，使用 gen_binocular_rectification_map()算子获取映射图像，打开相机并获取到快递外形的左右图像并使用 map_image()算子进行图像的矫正，完成后使用 binocular_disparity()算子获取到左右图像的视差图像，获得视差图后使用 binocular_distance_mg()算子根据左右相机的校正图像计算深度信息，最后通过点位的深度信息做差来计算快递的高度。

（4）Winform 窗体设计

由于作者 C♯使用功底有限，窗体的设计使用 C♯自带控件完成，主要使用的控件有："hWindowControl1"、"label"、"textBox"、"comboBox"、"button"等。

窗体界面由登入界面（图 9-33）、主界面（图 9-34）、存快递界面（图 9-35）、取快递选择界面（图 9-36）、手动输入取快递界面（图 9-37）、二维码扫描取快递界面（图 9-38）、后台权限密码输入界面（图 9-39）、设置通讯后台界面（图 9-40）、查看快递存放信息后台界面（图 9-41）组成。

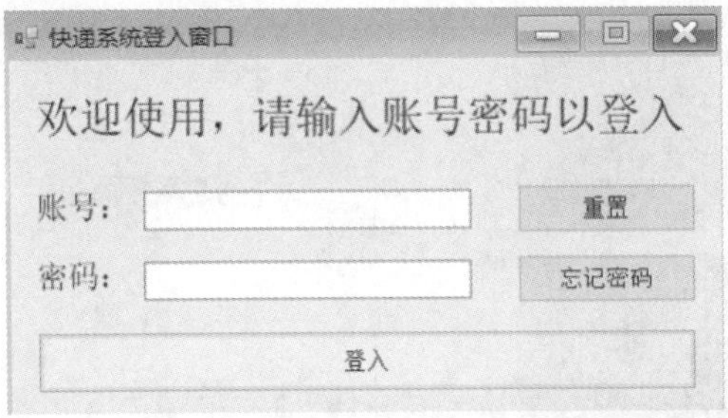

图 9-33　登入界面

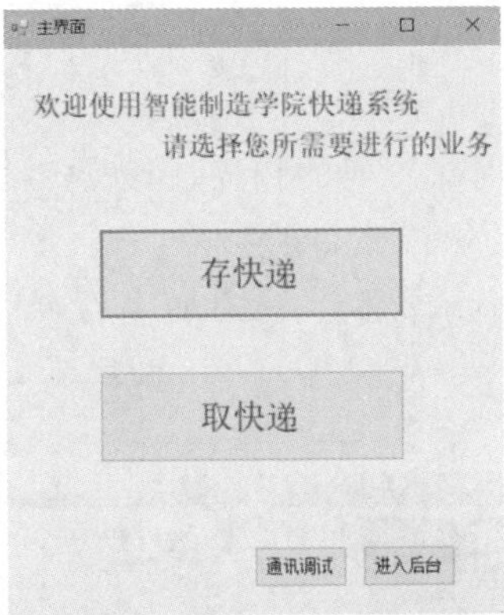

图 9-34　主界面

图 9-35　存快递界面

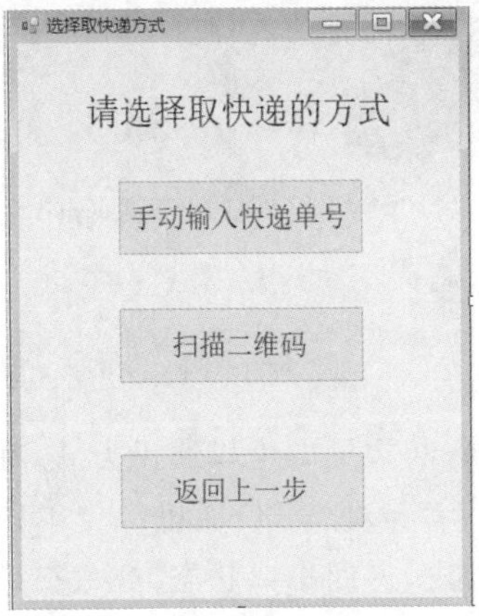

图 9-36　取快递选择界面

图 9-37　二维码扫描取快递界面

图9-38　手动输入取快递界面

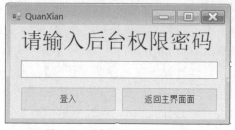

图9-39　后台权限密码输入界面

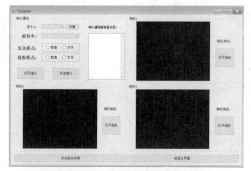

图9-40　设置通讯后台界面

图9-41　查看快递存放信息后台界面

（5）系统仿真

在电脑上进行上位机的仿真调试，暂时只测试取快递时二维码的扫描，因为这一段即涉及了图像的处理，也连接了通讯，同时能调用我电脑自身的摄像头，能模拟打开摄像头采集图像的场景。图9-42为识别并匹配到快递信息时上位机显示；图5.2表示匹配失败上位机信息显示；图9-43表示识别超时上位机信息显示。

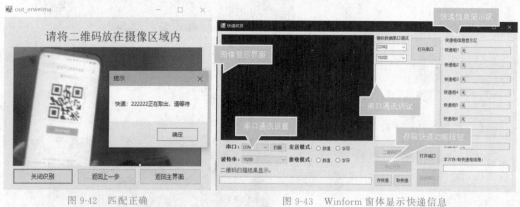

图9-42　匹配正确　　　　　　　　图9-43　Winform窗体显示快递信息

（6）串口通讯

上位机与单片机之间的通讯方式，本文采用了电子设备间常见的串口通讯方式，在C♯编程里，串口通讯使用System.IO.Ports函数来调用全局串口通讯，串口通讯部分单独创建关于串口通讯的类，此类中包含串口打开方法、串口关闭方法、返回串口状态方法、扫描串口方法、发送串口数据方法。

串口的调用需要声明一个全局串口，在串口类的下面声明全局串口："public static SerialPort serialPort1 = new SerialPort();"其中，"serialPort1"为全局串口的串口名。

串口的打开需要设置串口的端口号（PortName）、波特率（BaudRate）、校验位（Parity）、数据位（DataBits）、停止位（StopBits），其中，校验位、数据位、停止位默认参数分别为："System.IO.Ports.Parity.None"、"8"、"System.IO.Ports.StopBits.One"；端口号与波特率由实际情况在设置通讯后台界面进行设置与串口的链接（图 9-44）。

图 9-44　后台界面串口和波特率的设置

（7）运动控制

如图 9-45 所示，本系统通过单片机接收外部的信号输入，实现主控部分、驱动部分、检测部分、交互部分的控制与设计。主控制部分实现对整个机器人的动作运行进行规划和控制；驱动部分完成对机器人底盘小车电机及机械手臂舵机的驱动；检测部分完成对二维码、黑白线、产品位置、产品距离、产品颜色等信息的检测；交互部分利用 WiFi 通讯与任务发布系统进行交互通讯，将任务执行代码利用显示期间呈现出来。

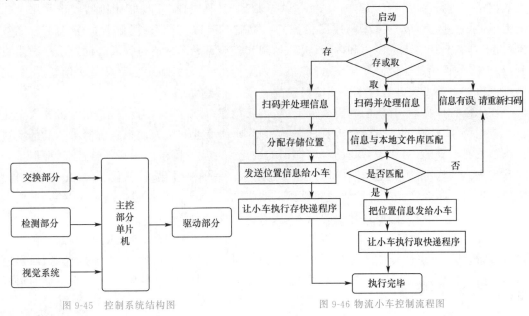

图 9-45　控制系统结构图　　　　图 9-46 物流小车控制流程图

9.3.2 智能机器人发展趋势

随着产业革命的推进、社会需求的变化和技术的进步，全球机器人产业呈现全面爆发的发展态势，世界各国纷纷推出机器人发展战略，以云计算、大数据、移动和社交为代表的第三平台技术带动全球机器人产业向智能化、创新化和数字化迅速迈进。

在机器人产业转型过程中,智能机器人扮演双重角色,一方面作为传统制造业的代表进行转型升级,另一方面作为创新加速器在转型过程中起到重要的催化和推动作用。

新一代智能机器人将具备互联互通、虚实一体、软件定义和人机融合的特征,具体表现在:通过多种传感器设备采集各类数据,快速上传云端并进行初级处理,实现信息共享;虚拟信号与实体设备的深度融合,实现数据收集、处理、分析、反馈、执行的流程闭环,实现"实—虚—实"的转换;对海量数据进行分析运算的智能算法依托优秀的软件应用,新一代智能机器人将向软件主导、内容为王、平台化、API中心化方向发展;通过深度学习技术实现人机音像交互,乃至机器人对人的心理认知和情感交流。

我国是世界第一大机器人市场,随着国家战略的推进和产业链的发展,大量的组织和个人参与到机器人研发与产业中,形成了"政、产、学、研、用、资"多方共建的发展格局,为机器人的生态化发展奠定了良好基础。智能机器人产业逐步规模化、体系化,基本建立完整的机器人产业链,技术创新成果显著,智能机器人市场迎来重大发展机遇。然而,智能机器人在未来发展中同样面临众多挑战,包括关键及前沿技术的突破、应用的创新与推广、资源的整合与协同等。

在关键及前沿技术方面,现有产品的智能化程度不足,功能相对简单单调,在复杂场景下的人机交互体验效果不佳,难以匹配用户需求,急需突破技术瓶颈,实现内生增长。首先,人机协作领域,机器人需要通过加快多模态感知、环境建模、优化决策等关键技术研发,强化人机交互体验与人机协作效能。其次,加强机器人技术与正在飞速发展的物联网、云计算、大数据技术进行深度融合,充分利用海量共享数据、计算资源,实现智能机器人产品服务化能力延伸。另外,需要进一步利用图像识别、情感交互、深度学习、类脑智能等人工智能技术,打造具有高智能决策能力和内涵、灵巧精细和安全可靠的智能机器人。面对上述技术瓶颈,如何充分运用产业链协同研发、开源机器人操作系统、跨领域融合等开放式创新方法,成为推进机器人技术突破过程中面临的新挑战。

在应用推广方面,有效的刚需尚待形成,需要把握市场动向推陈出新。随着机器人企业扩大应用场景,用户的需求会变得更加多元和复杂,而商业和个人用户对机器人产品的反馈尚未形成有效渠道,对相关行业的深度知识的缺乏和对用户需求的理解不够透彻,增加了产品和需求之间匹配的难度。此外,用户越来越追求产品的个性化、创新化、多样化和快速化。需要通过对技术和产品的持续研发和投产反馈,降低机器人的生产成本和价格壁垒,形成丰富的产品线,并加大在外形设计上的投入,从而增加对广大新用户的吸引力。

智能机器人概念被过度炒作,投资人希望快速实现商业变现,容易陷入急功近利的误区,进而影响从业者中长期的经验积累、需求探索和市场深耕。因此,把握市场动向,切实理解用户关键需求,立足长远,推出符合场景的创新应用成为目前智能机器人产业面临的重要挑战。

在资源方面,我国机器人产业整体处于起步期,越来越多的行业用户、信息通信技术企业和初创公司参与机器人产业,增加了机器人生态系统的复杂程度。而各参与方发展良莠不齐,对机器人利益诉求不尽相同,相互间联系不够紧密,同时,在资金、生产能力、市场经验、核心零部件供应等方面存在各式各样的问题,产业链各主体间的协同整合存在较大障碍。政府与新兴企业间的沟通机制仍需完善;科研院校的研究成果与企业产品的开发需求呈割裂状态,科技成果转换率不高;个人和商业用户在产业链中的参与程度低,缺乏与需求深入结合的定制方案;投资者缺乏对前沿技术的关注,造成资本与基础研究的脱节。如何打造开放高效的协同体系,合理高效地分配及利用优秀资源,进一步完善生态化发展格局是我国机器人产业面临的又一挑战。

练习题

1.一个双足机器人系统通常由以下几个模块构成:_____、_____、_____、_____。

2.智能机器人通常由_____、_____、_____、_____、_____五个部分组成。

3.判断:智能机器人的驱动系统相当于人的肌肉。　　　　　　　　　　(　　)

4.判断:智能机器人的传感系统相当于人的大脑。　　　　　　　　　　(　　)

5.智能机器人有哪些分类方法? 是否还有其他分类方法?

6.辨析:人工智能=智能机器人。

7.试为智能机器人下一个定义。

8.随着智能制造的逐步升级,智能机器人的应用受到了高度重视。简述在制造业大量应用智能机器人应考虑和注意哪些问题。

9.举例说明智能机器人在生活中的应用。

10.搜集资料,编写一份关于智能机器人应用领域的调研报告。

参考文献

[1]陶永,王田苗,刘辉,江山.智能机器人研究现状及发展趋势的思考与建议[J].高技术通讯,2019(29):149－163.

[2]张春芝,石志国.智能机器人技术基础[M].北京:机械工业出版社,2020.

[3]陶雪琼.人工智能时代人机社会性交互设计研究[D].无锡:江南大学,2020.

[4]中国人工智能学会.中国智能机器人白皮书,2015.